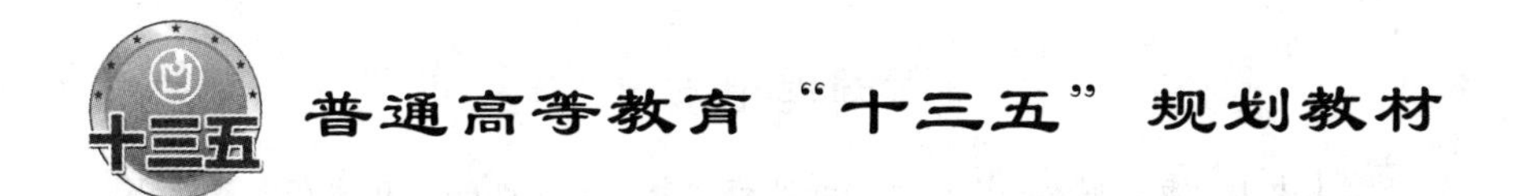

材料性能学基础实验教程

郑建军　编著

北　京
冶　金　工　业　出　版　社
2021

内容提要

本书内容涵盖材料类专业的专业课程“材料力学性能”和“材料物理性能”的基础实验，主要包括材料力学性能的硬度、冲击、抗弯、磨损、断裂韧性、断口分析，材料物理性能的电学、热学、磁学部分的实验以及工业热电偶检定、动圈式控温仪表的检定等实验项目；在实验内容的编排上，以专业主干课程实验为主体，以材料的组织、结构与性能之间的内在联系为重点。本书共编写了16个实验项目，每个实验包括实验目的、原理概述、实验设备与材料、实验内容与步骤、注意事项、实验报告要求及思考题等内容。在具体安排实验时，可以根据实验大纲、实验条件和实验学时选择性地完成实验内容。

本书可作为材料类专业,如材料科学与工程、无机材料工程、材料物理及相关专业的本科生实验教学用书,也可供有关教师、研究生以及材料类工程技术人员参考。

图书在版编目(CIP)数据

材料性能学基础实验教程/郑建军编著．—北京：冶金工业出版社，2019.4（2021.6重印）
普通高等教育“十三五”规划教材
ISBN 978-7-5024-8092-9

Ⅰ.①材…　Ⅱ.①郑…　Ⅲ.①工程材料—结构性能—实验—高等学校—教材　Ⅳ.①TB303-33

中国版本图书馆CIP数据核字(2019)第061084号

出 版 人　苏长永
地　　址　北京市东城区嵩祝院北巷39号　邮编　100009　电话　(010)64027926
网　　址　www.cnmip.com.cn　电子信箱　yjcbs@cnmip.com.cn
责任编辑　曾　媛　美术编辑　吕欣童　版式设计　禹　蕊
责任校对　李　娜　责任印制　禹　蕊
ISBN 978-7-5024-8092-9
冶金工业出版社出版发行；各地新华书店经销；三河市双峰印刷装订有限公司印刷
2019年4月第1版，2021年6月第2次印刷
787mm×1092mm　1/16；10印张；241千字；151页
39.00元

冶金工业出版社　投稿电话　(010)64027932　投稿信箱　tougao@cnmip.com.cn
冶金工业出版社营销中心　电话　(010)64044283　传真　(010)64027893
冶金工业出版社天猫旗舰店　yjgycbs.tmall.com
（本书如有印装质量问题，本社营销中心负责退换）

前　言

材料科学研究的核心是材料的组织、结构与性能的关系，材料的性能是材料研究的根本目标和最终目的。材料性能学实验是在学生学习完材料科学导论、材料科学基础、材料力学性能、材料物理性能等课程后独立开设的实验课程。通过材料性能学实验的学习，使材料工程理论与实践相结合，进一步掌握材料各种性能的基本概念、物理本质、变化规律及性能指标的工程意义，了解影响材料性能的主要因素，掌握材料性能与其化学成分、组织结构之间的关系，基本掌握提高材料性能指标、充分发挥材料性能潜力的主要途径，了解材料性能的测试原理、方法及仪器设备。

同时，为了使学生能够把实际机械零件或构件的材料性能和服役条件、失效现象结合起来，对各种性能指标的物理意义和实用意义有更深入的理解，并掌握其测试方法，明确他们之间的相互关系，分析各种内在因素和外部条件对材料性能指标的影响，故组织编写本实验教程。其目的是为学生毕业后能具有合理使用材料、制定工艺、研制新材料以及能够将数学、自然科学、工程基础和专业知识用于解决复杂工程问题的能力而打下基础，力求使学生具有自主学习和终身学习的意识，有不断学习和适应发展的能力。

本实验教程是根据材料科学与工程专业《材料力学性能》《材料物理性能》课程的大纲要求，基于现行相关国家标准或最新行业标准，使用标准要求的规范定义、概念、规定符号、试验程序等内容编写的。教材共分为三大部分，16个实验项目，包括了3个综合性实验，1个研究探索性实验。涵盖了材料力学性能的硬度、冲击、抗弯、磨损、断裂韧性、断口分析，材料物理性能的电学、热学、磁学部分的实验以及热工基础的工业热电偶检定、动圈式控温仪表的检定2个实用性强的实验。

本实验教程由太原科技大学郑建军编著，太原科技大学秦凤明老师提供了部分插图。作者在编写过程中，参考引用了国内的相关教材、专著、期刊及国家标准文献等，在此向本书所引用参考文献的原作者表示敬意和感谢。

本教材的编著和出版得到了山西省服务产业创新学科群项目——“清洁能源与现代交通装备关键材料及基础件”项目的支持与资助，在此表示衷心的感谢。

由于编者水平所限，所选实验内容不妥之处在所难免，殷切希望专家学者及读者提出宝贵意见，以期改进。

编著者
2019年1月

目　　录

第1章　材料力学性能实验 ······ 1

实验1　材料硬度实验 ······ 1
实验2　冲击实验 ······ 17
实验3　压痕法在材料学中的应用Ⅰ
——压痕法陶瓷材料断裂韧度 K_{IC} 值的测定 ······ 24
实验3　压痕法在材料学中的应用Ⅱ
——压痕应变法测定金属材料的残余应力 ······ 29
实验4　金属磨损实验 ······ 38
实验5　陶瓷材料抗弯强度的测定 ······ 46
实验6　断口分析实验 ······ 51

第2章　材料物理性能实验 ······ 64

实验7　材料阻温特性的测定 ······ 64
实验8　材料绝缘电阻的测定 ······ 69
实验9　绝缘材料介电常数的测定 ······ 77
实验10　压电陶瓷材料压电应变常数 d_{33} 的测定 ······ 86
实验11　固体材料热膨胀系数的测定 ······ 91
实验12　材料导热系数的测量Ⅰ
——稳态平板法 ······ 100
实验12　材料导热系数的测量Ⅱ
——圆球法测定粒状材料导热系数 ······ 106
实验13　铁磁材料的磁滞回线和基本磁化曲线的测定 ······ 111
实验14　固体材料弹性模量的测定 ······ 118

第3章　热工基础实验 ······ 126

实验15　工业热电偶的检定 ······ 126
实验16　动圈式控温仪表的检定 ······ 135

附录…………………………………………………………………………………… 141

附录Ⅰ 常用维氏、布氏、洛氏硬度的换算表………………………………………… 141
附录Ⅱ K 型镍铬 - 镍硅（镍铬 - 镍铝）热电动势（JJG 351—84，
参考端温度为 0℃）(mV) ……………………………………………………… 144
附录Ⅲ 补偿导线的热电势的允许误差………………………………………………… 149

参考文献………………………………………………………………………………… 150

第 1 章 材料力学性能实验

实验 1 材料硬度实验

一、实验目的

（1）了解各类硬度测定的基本原理、应用范围及选用原则。

（2）掌握布氏、洛氏、显微硬度计的主要结构及操作方法。

（3）了解材料的类型及热处理状态对硬度的影响。

二、实验原理与装置

硬度试验与轴向拉伸实验一样，也是应用最广的力学性能试验方法。硬度试验的方法很多，大体上可分为弹性回跳法（如肖氏硬度）、压入法（如布氏硬度、洛氏硬度、维氏硬度等）和划痕法（如莫氏硬度）等三类。生产及科学研究中应用最多的是压入法硬度试验。

硬度是金属材料及合金材料机械性能的重要指标，通常指的是一种材料抵抗另一较硬的具有一定形状、尺寸并且本身不发生残余变形的物体压入其表面的能力。硬度是表征材料软硬程度的一种性能，即硬度示值是表示材料软硬程度的数量指标，其物理意义随着试验方法的不同而不同。例如，划痕法的硬度值，主要表征材料抵抗表面局部断裂的能力；回跳法的硬度值，主要表征材料弹性变形功的大小；压入法的硬度值，主要表征材料的塑性变形抗力及应变硬化能力。由于在金属表面以下不同深处材料所承受的应力和所发生的变形程度不同，因而硬度值可以综合地反映压痕附近局部体积内金属的弹性、微量塑性变形抗力、塑性变形强化能力以及大量形变抗力。硬度值越高，表明金属抵抗塑性变形能力越大，材料产生塑性变形就越困难。另外，硬度与其他力学性能指标（如抗拉强度 R_m、断后伸长率 A、断面收缩率 Z）之间存在一定的内在联系，因此说硬度的大小对机械零件的使用寿命具有重要意义。

硬度试验一般只在材料表面局部体积内产生很小的压痕，因而很多机器零件可在成品上试验，无须专门加工试样，同时又能敏感地反映材料的化学成分和组织结构的差异，因而得到广泛的应用。在工厂和实验室广泛使用压入法来测定硬度，按压头的类型和几何形状等不同，压入法又分为布氏硬度、洛氏硬度、维氏硬度等（布氏、洛氏、维氏硬度换算表见后附录Ⅰ）。

压入法硬度试验具有几个特点：

（1）设备简单，操作方便迅速。

（2）适用范围广，不论是塑性材料还是脆性材料均能发生塑性变形。

（3）在一定意义上可用硬度试验结果表征其他力学性能指标。金属的硬度与强度指标之间存在如下近似关系：

$$R_m = K \cdot \mathrm{HB} \tag{1-1}$$

式中，R_m 为材料的抗拉强度；K 为系数；HB 为布氏硬度。

退火状态的碳钢：$K=0.34 \sim 0.36$；合金调质钢：$K=0.33 \sim 0.35$；有色金属合金：$K=0.33 \sim 0.53$。部分金属材料的换算关系见表 1-1。

表 1-1 部分金属材料的换算关系

材　　料	布氏硬度值	近似换算关系
钢	125 ~ 175	$R_m \approx 0.343\mathrm{HB} \times 10\mathrm{MN/m^2}$
	>175	$R_m \approx 0.363\mathrm{HB} \times 10\mathrm{MN/m^2}$
铸铝合金		$R_m \approx 0.26\mathrm{HB} \times 10\mathrm{MN/m^2}$
退火黄铜、青铜		$R_m \approx 0.55\mathrm{HB} \times 10\mathrm{MN/m^2}$
冷加工后的黄铜、青铜		$R_m \approx 0.40\mathrm{HB} \times 10\mathrm{MN/m^2}$

另外，硬度值对材料的耐磨性、疲劳强度等性能指标也有参考价值，通常材料硬度越高，其对应的这些性能也越好。因此，在工程设计图纸上对材料性能指标的要求，往往只标注硬度值。

（一）布氏硬度试验

布氏硬度试验主要用于黑色、有色金属原材料检验，也可用于退火、正火状态的钢铁零件的硬度值测定。

1. 基本原理

布氏硬度试验是用一定直径 D(mm) 的钢球或硬质合金球为压头，施以一定的试验力 F(kgf 或 N)，将其压入试样表面，保持一定时间后卸除载荷，试样表面将残留压痕。测出试样表明压痕直径 d，计算出压痕球形面积，再根据下式计算出单位面积上所受的力，即为布氏硬度值：

$$\mathrm{HBW} = 0.102 \times \frac{2F}{\pi D(D - \sqrt{D^2 - d^2})} \tag{1-2}$$

式中　HBW——布氏硬度值；

F——通过球形压头施加在试样表面上的试验力，N；

D——球形压头的直径，mm；

d——相互垂直方向测得的压痕直径 d_1、d_2 的平均值，mm。

金属布氏硬度试验原理如图 1-1 所示。

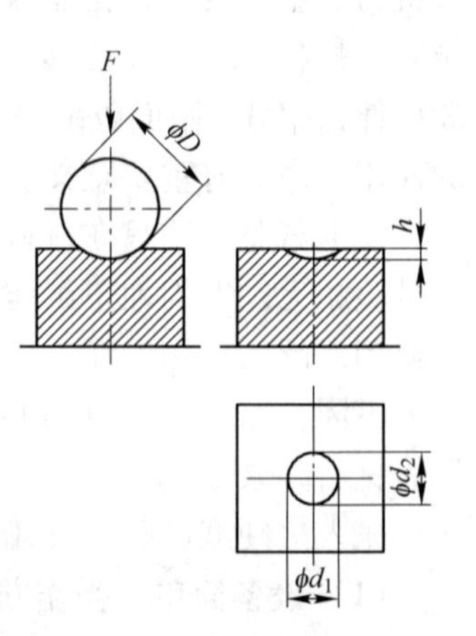

图 1-1　布氏硬度试验原理示意图

2. 布氏硬度的表示方法

依据国标 GB/T 231.1—2009，在 HBW 之前书写硬度值，符号后依次为球直径、施加的试验力及保持时间。如 600HBW1/30/20 表示用 1mm 的硬质合金球，在 30kgf（或 294.2N）试验力下保持 20s 所测得的布氏硬度值为 600。当保持时间为10～15s时可不标注。例如，50HBW5/750表示用直径为5mm的硬质合金球，在750N载荷作用下保持10～15s测得的布氏硬度值为50。

3. 试验力的选择

由于压头的材料不同，因此布氏硬度值用不同的符号表示，以示区别。当压头为淬火钢球时，其符号为HBS（适用于布氏硬度值在450以下）；当压头为硬质合金球时，其符号为HBW（适用于布氏硬度值为450～650的材料）。

布氏硬度试验用的压头直径 D 有10mm、5mm、2.5mm、2mm和1mm五种。主要根据试样厚度来选择，应该满足压痕深度小于试样厚度1/10的条件。当试样厚度足够时，应尽可能选用直径为10mm的压头。布氏硬度试验的 F/D^2 的比值有30、15、10、5、2.5、1.25和1七种。主要根据试验材料的种类及硬度范围来选择。试验力的选择应保证压痕直径在 $0.24D \sim 0.6D$ 之间，试验力－压头球直径平方的比率（$0.102F/D^2$ 比值）应根据材料和硬度值选择，见表1-2。

表1-2　不同材料的试验力－压头球直径平方的比率

<table>
<tr><th>材　料</th><th>布氏硬度HBW</th><th>试验力－压头球直径平方的比率
($0.102F/D^2$)/N·mm^{-2}</th></tr>
<tr><td>钢、镍合金、钛合金</td><td></td><td>30</td></tr>
<tr><td rowspan="2">铸铁</td><td><140</td><td>10</td></tr>
<tr><td>≥140</td><td>30</td></tr>
<tr><td rowspan="3">铜及铜合金</td><td><35</td><td>5</td></tr>
<tr><td>35～200</td><td>10</td></tr>
<tr><td>>200</td><td>30</td></tr>
<tr><td rowspan="6">轻金属及合金</td><td><35</td><td>2.5</td></tr>
<tr><td rowspan="3">35～80</td><td>5</td></tr>
<tr><td>10</td></tr>
<tr><td>15</td></tr>
<tr><td rowspan="2">>80</td><td>10</td></tr>
<tr><td>15</td></tr>
<tr><td>铅、锡</td><td></td><td>1</td></tr>
</table>

注：对于铸铁试验，压头的名义直径为2.5mm、5mm、10mm。

一般钢铁材料只选择 $0.102F/D^2 = 30$ 一个值。为了保证在尽可能大的有代表性的试样区域试验，应尽可能选取大直径压头，当试样尺寸允许时，应优先选用直径10mm的球压头试验，因为这样最能体现布氏硬度计的特点。对于较薄、较小的试样，应选用较小的压头和较小的试验力。以保证满足布氏硬度试验关于“试样厚度应大于压痕深度的8倍”的要求。上述选择之后应进行初步试验，确定压痕直径是否满足 $0.24D < d < 0.6D$。如果满足这一要求，就可进行正式测试，并查表得到布氏硬度值。如果不满足这一要求，当压痕直径小于 $0.24D$ 时，说明压痕过小，应重新选择大一些的试验力。当压痕直径大于 $0.6D$ 时，说明压痕过大，应重新选择小一些的试验力。

布氏硬度试验的特点是试验时金属材料表面压痕大，能在较大范围内反映被测金属材料的平均硬度，测得的硬度值比较准确，数据重复性强。但由于压痕大，对金属材料表面的损伤较大，不宜测定太小或太薄的试样。

4. 布氏硬度计的结构及操作

HB-3000B型布氏硬度计是由机身、试台、大小杠杆、减速器及电子控制系统等部分组成，其测量原理与普通硬度计的基本相同，所不同的是加载、卸载和保持时间由电子系统中的继电器、集成电路板、启动按钮和限位开关等共同控制电动机完成的，其工作原理如图1-2所示。

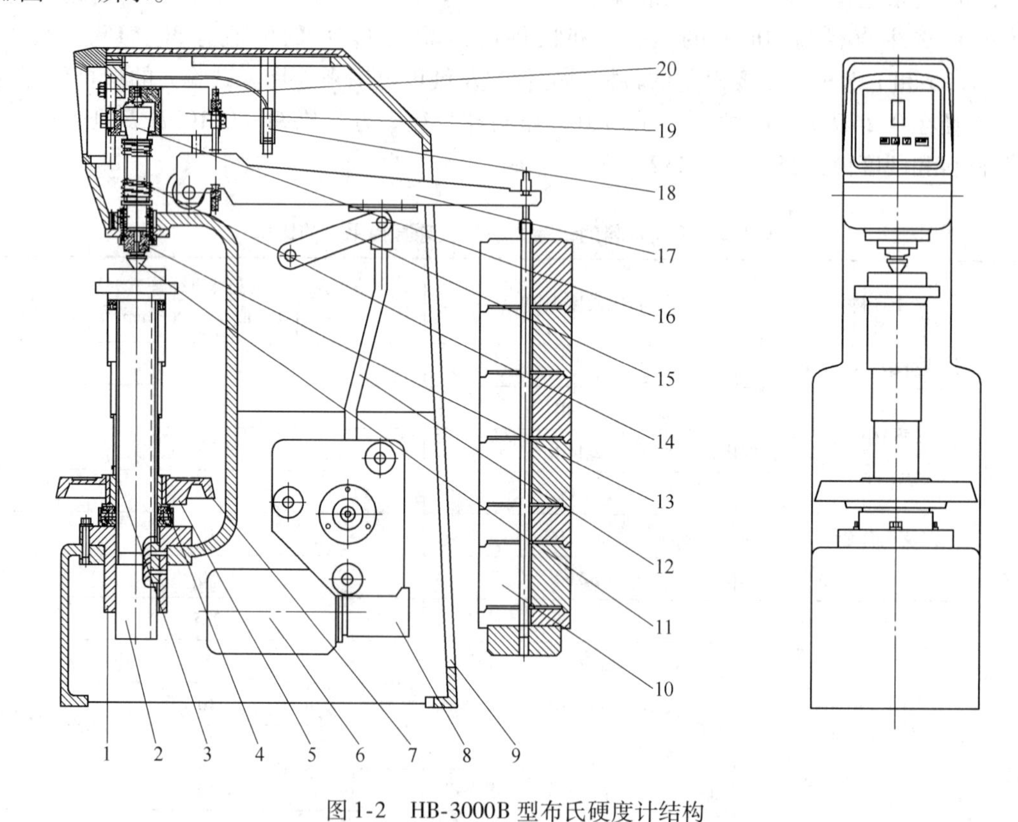

图1-2 HB-3000B型布氏硬度计结构

1—丝杠座；2—丝杠；3—保护罩；4—螺母；5—定位器；6—电机；7—转动手轮；8—减速机；9—机身；10—砝码；11—压头；12—连杆；13—主轴；14—弹簧；15—叉形摇杆；16—大杠杆；17—压轴；18—接近开关；19—小杠杆；20—吊环

当按下设备的启动按键“START”时，继电器吸合，使电动机启动，同时试验加载指示灯亮（加载），减速器带动曲柄逆时针方向旋转，连杆与摇杆下移，与大杠杆脱离。此时，试验力施加到压头上，同时，保持试验力指示灯亮（保持），电动机停转。当试验力保持时间到，继电器吸合通电，电动机反向旋转，卸除试验力指示灯亮（卸载），连杆和摇杆重新抬起大杠杆，将试验力卸除。此时，大杠杆触动机身后限位开关，将电动机关闭。

（1）安装压头与工作台：按规定选择压头，用无酸汽油清洗其钢球黏附的防锈油，用棉花或质地较软的纱布擦拭干净后装入主轴衬套内，放置紧固螺钉使其轻轻压于压头杆部的固定扁平处，然后将工作台安装在丝杠上，再将试样平稳地放在工作台上。此时转动手轮，使工作台缓慢上升，试样与压头接触直至手轮与螺母产生相对滑动，最后将压紧螺钉紧固于压头杆部的固定扁平处。

（2）选择试验力：按规定选择试验力，选用的试验力为1839N时，将砝码吊架挂在大杠杆尾部刀刃上即可；若加上62.5kg的砝码，就形成了2452N的负荷；若再加上500kg的砝码，便形成了7355N的试验力……以此类推。

（3）试验力的保持时间的选择：首先了解硬度计的操作面板各部分功能。操作面板有设置键、确认键、选择键、显示窗口等，如图1-3所示。打开电源开关，接通电源，此时电源指示灯亮。

"SET"设置键用于选择挡位：试验力保持时间有0、1、2三种挡位，对应的默认保持时间分别是12s、30s、60s。连续按动操作面板的"SET"键，试验力保持时间可在0、1、2三种挡位之间选择，操作面板的显示窗口有相应的挡位及时间提示。

"START"确认键用于确认选择挡位和开始试验。选择挡位完毕，10s后，设备自动确认，也可按动"START"键强制确认。

"△▽"选择键可调整每种挡位默认的保持时间，10s后，设备自动确认，也可按动"START"键强制确认。显示窗口显示相应的挡位、时间提示及试验进程。

（4）试验程序：将试样放在试验台上，转动手轮，使试验台缓慢上升，试样与压头接触直至手轮与螺母产生相对的滑动（打滑）为止，此时试样已加初载荷98.07N。按动启动按键"START"，硬度计即可自动完成一个工作循环。

（5）检验并确定试验结果：试验结束后，逆时针转动手轮降下工作台，取下试样，用读数显微镜测量试样表面的压痕直径，并将测得的结果查表确定试样的硬度值。

（6）读数显微镜：本硬度计所带的读数显微镜为20倍。鼓轮最小刻度值为0.01mm，使用时应合理利用光源，通常以中午的自然光为宜，若在灯光下读数应注意光线对压痕直径大小的影响，如图1-4所示。

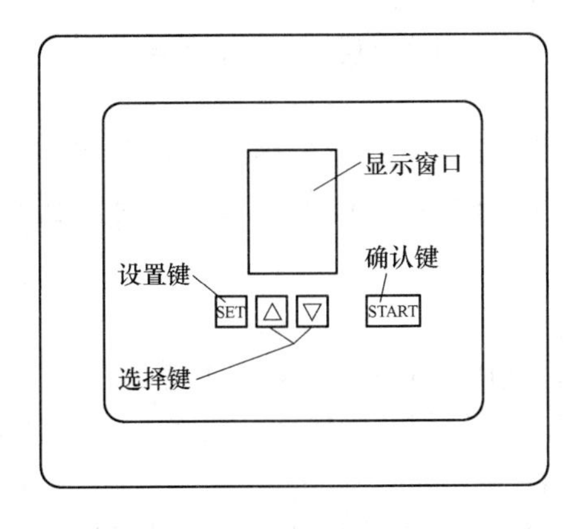

图1-3　操作面板示意图

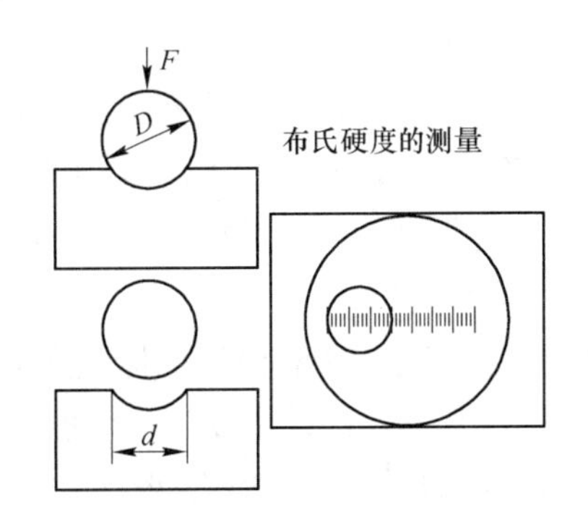

图1-4　读数显微镜测量示意图

（二）洛氏硬度试验

洛氏硬度试验的原理与布氏硬度不同。它不是以测定压痕的面积来计算硬度值，而是以测定压痕的深度来表示材料的硬度值。主要用于金属测量热处理后的产品检验。

1. 基本原理

洛氏硬度试验所用的压头分为圆锥角为120°的金刚石圆锥体、一定直径（1.5875mm）钢球或硬质合金球，依据国家标准GB/T 230.1—2009《金属材料 洛氏硬度试验》，按照图1-5和图1-6所示分两个步骤压入试样表面，经过规定的保持时间后，卸掉主加载荷力，测量在初始载荷力下的残余压痕深度 h。

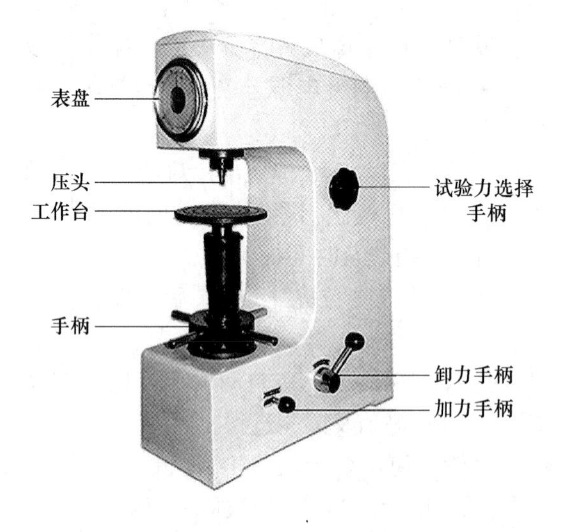

图1-5 洛氏硬度计外形图

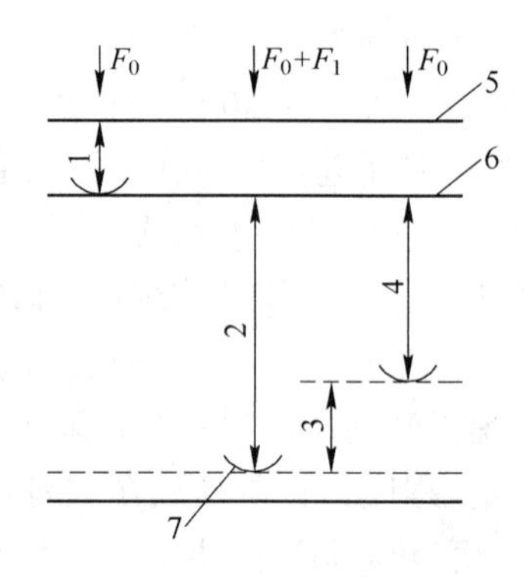

图1-6 洛氏硬度计测试原理图

1—在初始载荷力 F_0 下的压入深度；2—在总施加载荷力 F_0+F_1 下的压入深度；3—去除主加载荷力 F_1 后的弹性回复深度；4—残余压入深度 h；5—试样表面；6—测量基准面；7—压头位置

根据 h 值及常数 N 和 S，用式（1-3）计算洛氏硬度：

$$洛氏硬度 = N - h/S \quad (1\text{-}3)$$

式中 N——常数，对于A、C、D、N、T标尺，$N=100$；其他标尺，$N=130$；

h——残余压痕深度，mm；

S——常数，对于洛氏硬度，$S=0.002$mm；对于表面洛氏硬度，$S=0.001$mm。

每一洛氏硬度单位对应的压痕深度，洛氏硬度为0.002mm，表面洛氏硬度为0.001mm。压痕越浅，硬度越高。

2. 洛氏硬度值的表示方法

洛氏硬度符号HR和使用的标尺字母（A、B、C、D、E、F、G、H、K、N、T）表示。

A、C和D标尺洛氏硬度用硬度值、符号HR和使用的标尺字母表示。如58HRC表示用C标尺测得的洛氏硬度值为58。

B、E、F、G、H和K标尺洛氏硬度用硬度值、符号HR、使用的标尺和球压头代号（钢球为S，硬质合金球为W）表示。如55HRBW表示用硬质合金球压头在B标尺上测得的洛氏硬度为55。洛氏硬度计硬度标尺技术条件见表1-3。

3. 洛氏硬度标尺的试验范围和适用范围

洛氏硬度标尺的试验范围和适用范围见表1-4。

表1-3 洛氏硬度计硬度标尺技术条件

洛氏硬度标尺	硬度符号	压头类型	初始载荷力 F_0/N	主加载荷力 F_1/N	总载荷力 F_0+F_1/N	适用范围
A	HRA	120°金刚石圆锥	98.07	490.3	588.4	20～88HRA
B	HRB	1.5875mm钢球	98.07	882.6	980.7	20～100HRB
C	HRC	120°金刚石圆锥	98.07	1373	1471	20～70HRC
D	HRD	120°金刚石圆锥	98.07	882.6	980.7	40～77HRD
E	HRE	3.175mm钢球	98.07	882.6	980.7	70～100HRE
F	HRF	1.5875mm钢球	98.07	490.3	588.4	60～100HRF
G	HRG	1.5875mm钢球	98.07	1373	1471	30～94HRG
H	HRH	3.175mm钢球	98.07	490.3	588.4	80～100HRH
K	HRK	3.175mm钢球	98.07	1373	1471	40～100HRK

表1-4 洛氏硬度标尺的试验范围和适用范围

标尺	硬度值符号	压头类型	总载荷/kgf(N)	测量范围	适用范围
A	HRA	金刚石圆锥	60（588.4）	20～88HRA	硬质合金、表面硬化层、渗碳层
B	HRB	直径1.5875球	100（980.7）	20～100HRB	铜合金、软钢、铝合金、可锻铸铁
C	HRC	金刚石圆锥	150（1471.1）	20～70HRC	较硬金属，如淬火钢、调质钢
D	HRD	金刚石圆锥	100（980.7）	40～77HRD	薄钢、中等硬度钢、珠光体、可锻铸铁
F	HRF	直径1.5875球	60（588.4）	60～80HRF	退火铜合金、薄、软金属
G	HRG	直径1.5875球	150（1471.1）	30～94HRG	磷青铜、铜铍合金、铝、锌、铅

上述洛氏硬度的标尺中，以HRC应用最多，一般经淬火处理的钢或工具都采用HRC测量。在中等硬度情况下，洛氏硬度HRC与布氏硬度HBS之间的相互关系，近似为1：10。如40HRC相当于400HBS。如50HRC，表示用HRC标尺测定的洛氏硬度值为50。硬度值应在有效测量范围内（HRC为20～70）为有效。

4. 洛氏硬度计的结构及其操作使用方法

常用的HR-150A型洛氏硬度计的结构如图1-7所示，其操作使用方法如下所述：

（1）试件的准备：试件的厚度应当不小于10倍压痕的深度，试件表面应平坦光滑，并且不应有氧化皮及外来污物，尤其不应有油脂，试样的表面应能保证压痕深度的精确测量。建议试样的表面粗糙度 R_a 不大于1.6μm。试样的测试面、支承面及工作台面应保持清洁。试样平稳地放置在工作台上，在试验过程中不应发生移动现象。

试样的制备应使受热或冷加工等因素对试样表面硬度的影响减至最小。尤其对于残余压痕深度浅的试样应特别注意。

试验后，试样的支承面上不得有明显的变形痕迹。其最小厚度取决于材质及所采用的载荷，可参考表1-5。

试样的测试面一般为平面，如果对曲面试样进行试验，其曲率半径不大时，试验结果应修正。

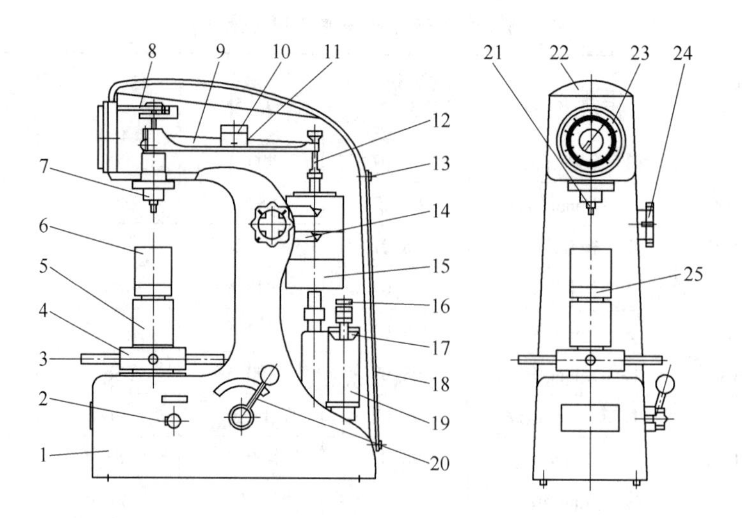

图1-7 HR-150A洛氏硬度计的结构简图

1—机身；2—加荷手柄；3—升降手把；4—手轮；5—丝杠保护套（内有丝杠）；6—待测试件；7—主轴；8—小杠杆；9—大杠杆；10—调整块；11—定位标记；12—吊环；13—螺钉；14—砝码变换架；15—砝码；16—油针；17—油毡；18—后盖；19—缓冲器；20—卸荷手柄；21—压头；22—上盖；23—指示表；24—变荷手柄；25—工作台

表1-5 试样最小厚度

标尺	硬度值 HR	最小厚度/mm	标尺	硬度值 HR	最小厚度/mm
A	70	0.7	B	80	1.0
	80	0.5		90	0.8
	90	0.4		100	0.7
B	25	2.0	C	20	1.5
	30	1.9		30	1.3
	40	1.7		40	1.2
	50	1.5		50	1.0
	60	1.3		60	0.8
	70	1.2		70	0.7

（2）试验台的选择与安装：应根据被试零件的形状及大小按本机所备的试验台选择，选好试验台后装于丝杠上端的 ϕ20H7 孔中将试验台表面擦拭干净。必须保证所施加的载荷力垂直作用于测试面。对于弯曲形状及其他不规则形状的试样，必须采用相应类型的专用工作台，并选择正确的试验位置，如对圆柱试样，必须采用“V”形工作台；对于中空的试样，要避免施加载荷造成的变形，否则有可能影响测得的硬度值。

（3）主加载荷力的选择与变换：硬度计的砝码共有三个，分别标记为A、B、C，主加载荷力的变换是用挂砝码的方法（或挡位拨盘）进行的，载荷力的变换应在硬度计处于卸载状态，且压头与试件不接触时进行，否则，有可能使压头损坏。

主加载荷力是根据所选用的标尺来确定的，如选用HRA标尺应使用A砝码，总的载荷力为588.4N(60kgf)；如选用HRB标尺，主加载荷力为A、B砝码质量之和，即

980.7N(100kgf)；如选用 HRC 标尺，主加载荷力为 A、B、C 砝码质量之和，即 1471N (150kgf)。

(4) 压头的安装：压头在安装前应擦拭干净，不得有油污和其他污物，擦干净后把压头放在压头套里内，并用螺钉轻轻预紧。

(5) 将被测试零件擦干净放在试验台上，应使试件与试验台表面紧贴，然后旋转手轮使试件上升与压头接触，并继续旋转手轮施加初始载荷力至指示表 23 的小针指于红点处，大指针应顺时针旋转三圈垂直向上，并指于标记 B 和 C 处（允许相差 ±5 个刻度，若超过 5 个刻度，此点应作废，重新试验）。

(6) 转动指示表 23 刻度盘，使指针对准 B 和 C 处（顺时针或逆时针旋转均可）。

(7) 按照加载标牌的加力方向，向硬度计机身前面方向缓慢（4s 左右）拉动加荷手柄 2 至左侧极限位置，加上主加载荷力。这时，可见指示器的长指针转动直至指针转动变慢到停止，保持时间 4s ±3s，即可将卸载手柄 20 按标牌指示方向缓慢（2 ~3s）推回至手柄极限位置，卸除主载荷力。施加主载荷力时，应均匀平稳，不得有冲击和震动。

(8) 从指示表 23 上相应的标尺读数（采用金刚石压头试验时，按表盘外圈的黑色数字读取，采用球压头试验时，按表盘内圈的红色数字读取）。逆时针方向转动手轮使试件下降，直到样品的测试表面离开压头，再移动试件，按以上过程进行新的试验。注意移动过程中，试件支承底面不能离开试验台上表面。

(9) 注意：两相邻压痕中心之间的距离至少应为压痕直径的 4 倍，并且不应小于 2mm。任一压痕中心距试样边缘的距离至少应为压痕直径的 2.5 倍，并且不应小于 1mm。对同一试件，最好在不同的部位进行不少于 3 次的试验，取其平均值，以便能可靠地查明其实际情况。

(三) 维氏硬度计

布氏硬度试验法存在钢球变形问题，这就决定了它不能用于测量高硬度材料；洛氏硬度试验法虽可测定各种金属硬度，但需采用不同的标度，不同的标度测定的硬度值又不能直接换算，因此 1925 年英国维克尔斯公司的 R. 史密斯（Smith）和 G. 桑德来德（Sand-Land）提出了维氏硬度试验法。

1. 实验原理与装置

维氏硬度和布氏硬度测量原理相同，都以试件压痕单位面积所受力来表示硬度的大小。在国家标准 GB/T 4340.1—2009《金属材料维氏硬度试验　第 1 部分：试验方法》中描述为维氏硬度值与试验力除以压痕表面积的商成正比，压痕被视为具有正方形基面并与压头角度相同的理想形状。不同的是，维氏法的压头采用锥角为 136°的金刚石正四棱锥的锥体。如图 1-8 所示，这时压入角 Φ 恒定不变，使得载荷改变时，压痕的几何形状相似，因此在维氏硬度试验中，载荷可以随意的选择，而所得的硬度值相同，这就是维氏硬度试验的主要特点，也是最大的优点。正四棱锥体之所以选取 136°的锥面夹角，是为了使所测数据与 HB 值能得到最好的配合。

因为一般布氏硬度试验时，压痕直径 d 多半在 (0.25 ~0.5) D 之间，取平均值 0.375D，这时布氏硬度的压入角 Φ =44°，而锥面夹角为 136°的正四棱锥形压痕的压入角也等于 44°，所以在中低硬度范围内，维氏硬度与布氏硬度值接近。

此外采用金刚石正四棱锥体后，压痕为一具有清晰轮廓的正方形，在测量压痕对角线

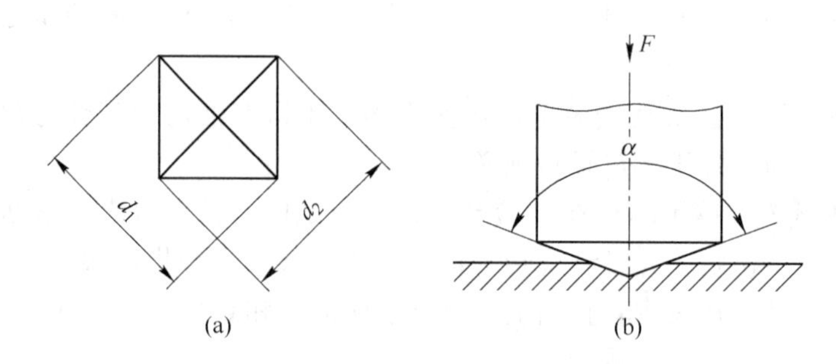

图1-8　维氏显微硬度试验原理图
（a）维氏硬度压痕；（b）压头（金刚石锥体）

长度 d 时误差较小，同时不存在压头变形问题，适用于任何硬度材料。维氏硬度值用 HV 表示，其值为：

$$HV = 0.102 \times \frac{F}{S} = 0.102 \times \frac{2F\sin\frac{\alpha}{2}}{d^2} = 0.102 \times \frac{1.8544F}{d^2} = 0.1891 \times \frac{F}{d^2} \tag{1-4}$$

式中　HV——维氏硬度，N/mm^2；

F——试验力，N；

S——压痕面积，mm^2；

d——压痕对角线长度，mm；

α——压头相对面夹角，取136°。

当试验力的单位采用 kgf 时，维氏硬度值的表达式为：

$$HV = 1.8544\frac{F}{d^2} \tag{1-5}$$

由上式可以看出，只要量出压痕对角线长度 d，即可求得 HV 值，或通过查表获得 HV 值。

由于维氏硬度的负荷可以任意选择而不影响硬度的测定，因此不难得知，若将维氏硬度试验载荷不是以 kgf 为单位，而是以减小到千分之一的 gf 为单位，那么便可测定在一个极小范围内，如个别夹杂物或其他组成相的维氏硬度值，这就是微观维氏硬度试验，一般称作显微硬度试验。

2. 硬度表示法

HV 前面的数值为硬度值，后面则为试验力，如果试验力保持时间不是通常的 10～15s，还需在试验力的值后标注保持时间。如 600HV30/20——采用 30kgf 的试验力，保持 20s，得到硬度值为 600。

3. 样品要求

虽然维氏硬度既可以测量较软的材料，又可以测量较硬的材料，但它对试样同样有着自己的要求。只有选择合适的试样，才能避免由此带来的误差，得到准确的维氏硬度值。

维氏硬度试样外表要求表面应光滑平整，不能有氧化皮及杂物，尤其不能有油脂。试样表面的质量应保证压痕对角线长度的测量精度，建议试样表面进行表面抛光处理。一般的，维氏硬度试样表面粗糙度参数 R_a 不大于 0.40μm，小负荷维氏硬度试样不大于 0.20μm，显微维氏硬度试样不大于 0.10μm。

维氏硬度试样制备过程中，应尽量减少过热或者冷作硬化等因素对表面硬度的影响。此外，对于小截面或者外形不规则的试样，如球形、锥形，需要对试样进行镶嵌或者使用专用平台。

由于显微维氏硬度压痕很浅，加工试样时建议根据处理特性采用抛光/电解抛光工艺。试样或试验层厚度至少应为压痕对角线长度的 1.5 倍，试验后试样背面不应出现可见变形压痕。

4. 试验程序

（1）试验力应选表 1-6 中示出的试验力进行试验。注：其他的试验力也可以使用，如 HV2.5(24.52N)。

表 1-6　维氏（显微）硬度试验力

维氏硬度试验		小力值的维氏硬度试验		显微维氏硬度试验	
硬度符号	试验力标称值/N	硬度符号	试验力标称值/N	硬度符号	试验力标称值/N
HV5	49.03	HV0.2	1.961	HV0.01	0.0987
HV10	98.07	HV0.3	2.942	HV0.015	0.1471
HV20	196.1	HV0.5	4.903	HV0.02	0.1961
HV30	294.2	HV1	9.807	HV0.025	0.2452
HV50	490.3	HV2	19.61	HV0.05	0.4903
HV100	980.7	HV3	29.42	HV0.1	0.9807

注：维氏硬度试验可使用大于 980.7N 的试验力。显微维氏硬度试验的试验力为推荐值。

（2）试验台应清洁且无其他污物（氧化皮、油脂、灰尘）。试样应稳固地放在刚性试验台上，以保证试验过程中试样不产生位移。

（3）使压头与试样表面接触，垂直于试验台面施加试验力。加力过程中不应有冲击和振动，直至将试验力施加至规定值。从加力至全部试验力施加完毕的时间应在 2～8s 之间。对于小载荷的维氏硬度试验和显微维氏硬度试验，加力过程不能超过 10s 且压头下降速度应不大于 0.2mm/s。

对于显微维氏硬度试验，压头下降速度应在 15～70μm/s 之间。

（4）试验力保持时间为 10～15s。对于特殊材料试样，试验力保持时间可以延长，直至试样不再发生塑性变形，但应在硬度试验结果中注明且误差应在 2s 以内。在整个试验期间，硬度计应当避免受到冲击和振动。

（5）任一压痕中心到试样边缘距离，对于钢、铜及铜合金至少应为压痕对角线长度的 2.5 倍；对于轻金属、铅、锡及其合金至少应为压痕对角线长度的 3 倍。两相邻压痕中心之间的距离，对于钢、铜及铜合金至少应为压痕对角线长度的 3 倍；对于轻金属、铅、锡及其合金至少应为压痕对角线长度的 6 倍。如果相邻压痕大小不同，应以较大压痕确定压痕距离。

5. 维氏硬度试验的特点

优点：维氏硬度试验的压痕是正方形，轮廓清晰，对角线测量准确，因此，维氏硬度试验是常用硬度试验方法中精度最高的，同时它的重复性也很好，这一点比布氏硬度计优越。

维氏硬度试验测量范围宽广，可以测量目前工业上所用到的几乎全部金属材料，从很软的材料（几个维氏硬度单位）到很硬的材料（3000个维氏硬度单位）都可测量。

维氏硬度试验最大的优点在于其硬度值与试验力的大小无关，只要是硬度均匀的材料，可以任意选择试验力，其硬度值不变。这就相当于在一个很宽广的硬度范围内具有一个统一的标尺。这一点又比洛氏硬度试验来得优越。

在中、低硬度值范围内，在同一均匀材料上，维氏硬度试验和布氏硬度试验结果会得到近似的硬度值。对于理想塑性材料（即无加工硬化）来讲，由于在压头下方，材料发生的是塑性变形，因此在材料的硬度与强度之间存在着一定的联系。例如，当硬度值为400以下时，HV≈HB。

维氏硬度试验的试验力可以小到10gf，压痕非常小，特别适合测试薄小材料。

缺点：维氏硬度试验效率低，要求较高的试验技术，对于试样表面的光洁度要求较高，通常需要制作专门的试样，操作麻烦费时，通常只在实验室中使用。

（四）显微硬度计

显微硬度计是主要用于测量微小、薄型试件及脆硬件的测试，通过选用各种附件或者升级各种结构可广泛地用于各种金属（黑色金属、有色金属、铸件、合金材料等），测定金属、合金表面层及金属内部组织结构的显微硬度，金属表面加工层、电镀层、硬化层（氧化、各种渗层、涂镀层）、热处理试件、碳化试件、淬火试件、焊缝截面的硬度分布，相夹杂点的微小部分的硬度，以及玻璃、玛瑙、人造宝石、陶瓷等脆硬非金属材料的测试。此外，通过显微硬度图像处理则可在细微距离内进行精密定位的多点测量，以及对经表面处理后的硬化层（氮化层、渗碳层）进行深度、硬度梯度测试与分析。

1. 基本原理

显微硬度试验是泛指载荷力比较小的硬度试验。通常把压入载荷大于9.81N(1kgf)时，试验的硬度称为宏观硬度，把负荷小于等于0.2kgf(≤1.961N)的静压力试验硬度称为显微硬度。显微硬度是相对宏观硬度而言的一种人为的划分。各种显微静力压痕硬度试验的原理基本相同，只是由于所使用的压头不同，硬度值的计算方法和公式不同，才有各种显微硬度试验的区分。显微硬度值以符号HV_m表示，由于其测定原理和维氏硬度一样，当载荷采用N为单位时，HV_m的表达式同式（1-4），即

$$HV_m = 0.102 \times \frac{F}{S} = 0.102 \times \frac{2F\sin\frac{\alpha}{2}}{d^2} = 0.102 \times \frac{1.8544F}{d^2} = 0.1891 \times \frac{F}{d^2} \quad (1\text{-}6)$$

当载荷采用kgf为单位时，其表达式为：

$$HV_m = 1.8544\frac{F}{d^2} \quad (1\text{-}7)$$

2. 试样的表面状态

被检测试样的表面状态直接影响测试结果的可靠性，测定显微硬度的试样与普通金相样品的制备相同，磨光、抛光时应尽量避免表层微量的塑性变形，引起加工硬化。特殊情

况需用压平器和橡皮泥校正平行度。

3. 显微硬度计的主要结构和操作方法

HXD-1000TM/LCD 显微硬度计的主要结构如图 1-9 所示，其操作方法如下所述：

（1）调试主机，确定主机处于正常工作状态后才能测定被测工件，根据被测件的实际高度，将试样选择适当的工装夹具安置在仪器的工作台上后，将升降粗调手柄 4 摇至合适的位置，确认物镜底面与试样有一定的间隙距离。

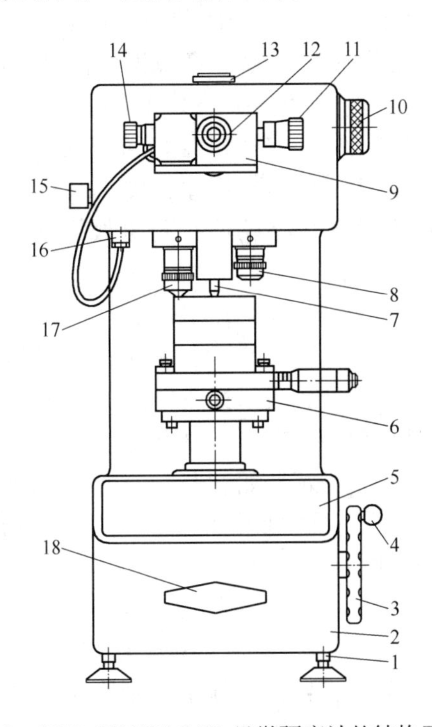

图 1-9 HXD-1000TM/LCD 显微硬度计的结构示意图

1—安平调节螺钉；2—主体；3—升降微调手轮；4—升降粗调手柄；5—嵌入式电器操作面板；6—工作台；7—金刚石压头；8—10×物镜；9—15×带光栅的测微目镜；10—加荷调节手轮；11—测微读数手轮；12—目镜视度调节圈；13—摄影防尘罩；14—测微移动手轮；15—摄影转动旋钮；16—插座；17—40×物镜；18—标牌

（2）插上电源线，按下背后电源开关，指示灯及电器操作面板 5LCD 屏亮，进入初始化状态。按下“START”键，系统进行自检，金刚石压头 7 与 40×物镜 17 进行自动切换，并将 40×物镜停在前面，LCD 屏上显示此时载荷力变换手轮所指示的载荷力和保持时间。

（3）转动载荷力变换手轮 10，使试验力加载符合选择要求。旋转载荷力变换手轮时，应小心缓慢地进行，防止过快产生冲击。针对不同试样的具体情况选择载荷的试验力和保持时间。原则是硬度较低、工件较薄或表层硬度选用 1.961N 试验力，反之选用 1.961N 以上的力。保持时间的选择推荐选用 15s，硬度低的试样选用 15s 以上，反之使用 15s 以下。对试样硬度不确定的可以选用 1.961N 试验力和推荐保持时间 15s，根据实际观察压痕后逐步调整，原则是使试样压痕的对角线大小适中，便于观察测量。设定保持时间请按“DWELL”键，每按一次以 5s 递增，循环变化。

（4）转动升降粗调手柄4使试样升高至距物镜底面约1mm处，然后缓慢转动升降微调手轮3可以看到视场逐渐变得明亮，直到看到试样的物平面像，并调节到最清晰为止。若发现测微目镜视场内的平行刻线不清晰的话，应先调节目镜视度调节圈12，由于不同的观察者的视度不一致，因此需要将测微目镜视场内平行刻线调到最清晰位置，再次进行物平面的调焦，使测量结果更准确。转动工作台上 $X-Y$ 方向微分筒，在视场里选择试样需要的测试部位。

（5）测微目镜视光栅精度校准，转动测微移动手轮14，测微目镜视场内的两条平行刻线同步移动；转动测微读数手轮11，测微目镜视场内其中的一条刻线可以单独移动（通常在右边），转动测微读数手轮使两条平行刻线无限靠近，但不重叠，且两条刻线之间没有亮光。此时观察LCD屏上的LL值，如果LL值为00000，则光栅尺准确；如果LL值有数值，比如为00005，则说明光栅存在误差，按“ZERO”键使LL值清零为00000，以消除测量误差。再次转动测微读数手轮使平行刻线分离，此时的LL值为光栅移动距离。

（6）按加载开始操作键“START”，金刚石压头7自动转至主机正前方正确定位的位置（可听到清晰的金属声音）。当马达启动时，测量显示屏的屏幕右侧显示一个长方形框，中间有一根细亮线逐渐向下延伸，表示加载过程，当明亮线条与框底接触，另一根粗线从上伸展下来，表明进入载荷保持状态，当整个长方形框全亮时表示载荷保持结束，继而一条暗线从方框底部朝上延长，表示开始卸载，整个方框消失，则表示加载过程结束，40×物镜17自动转至主机正前方正确定位的位置。可通过测微目镜组进行测量，还可以按“塔台位置”选择键使10×物镜8自动转至主机正前方正确定位位置进行观察，或按“塔台位置”选择键使金刚石压头7自动转到主机正前方正确定位位置，再次进行主机的试验力加载、卸载过程。

（7）旋转测微移动手轮14使目镜内左侧平行刻线与标准硬度块的菱形压痕的左侧顶点无限接近，旋转测微读数手轮11使目镜视场内另一块分划板的平行刻线向右（或向左）移动，对准标准硬度块的菱形压痕的右端顶点无限接近，此时测量显示屏中的LL显示为光栅移动距离，按“ENTER”键，D_1 处显示第一条对角线长度，单位为微米，旋转测微目镜90°可用同样的方法测得另一条对角线的长度 D_2，按“ENTER”键后，测量显示屏显示第二条对角线长度 D_2，仪器的微电脑处理器计算并显示测得的HV硬度值。

（8）需要精确测定指定位置的硬度，可以先试打一点。理想的情况，压痕应落在视场的中心位置。有时为了精确地打定点，可将测微目镜转过一个角度，并转动测微读数手轮11，使平行刻线中心与试打的压痕中心重合，以后再打的压痕就会落在分划板的平行刻线中心。在确定压痕位置时切不可旋动工作台的微分筒，以免变动压痕原始位置。

在测试完一次后，如发现该点硬度值有误，可按“CLR”键，即可清除。重新测量硬度值，需打印一组硬度值的平均值或分散度值，请按“CLR”键直至测量显示屏上的NO为0后再测量和打印。

（9）测试显微硬度时的注意事项：对于形状比较复杂的零件可以用橡皮泥粘在压平台上，然后放在压平器上将上半部压平，这样可以保证试样表面与工作台的平行度。当使用1.961N以上的大试验力时，要注意一下试样是否下沉，否则会影响试验效果。被测试样的表面粗糙度必须在R_a 0.8μm以上，并与工作台平行。

由于显微硬度计的物镜倍数高，而且高倍物镜的景深较小，仅1~2μm，因此不熟悉的使用者找被测试样物平面的像比较困难。切勿在未熟悉操作之前，就用此仪器来测定针尖之类的试样，否则有可能在调焦时将物镜损坏。因此，可以先找一块比较平整，表面粗糙度在R_a 1.6μm左右的试样进行训练。先将试样调到与物镜端面近似接触，再将升降微调手轮逆时针反转一圈约0.75mm，在视场内可见到试样的物平面像，当操作熟练以后，就可以直接调焦。

三、实验仪器设备及材料

（1）布氏、洛氏、显微硬度计各若干台。

（2）读数放大镜，最小分度值为0.01mm若干个。

（3）不同硬度试验方法的标准硬度块各一套。

（4）材料：灰铸铁（ϕ60×20mm，R_a 0.8μm）

黄铜（ϕ30×5mm，R_a0.8μm）

20钢（热轧态，ϕ60mm×10mm，R_a0.8μm）

20钢（渗碳淬火处理，ϕ10mm×10mm，R_a0.8μm）

45钢（调质处理，ϕ50mm×3mm，R_a0.8μm）

38CrMoAlA（氮化，ϕ20mm×2mm，R_a0.4μm）

高速钢铣刀片（厚2~3mm，R_a0.8μm）

硬质合金刀头（R_a0.8μm）

轴承合金（20mm×20mm×10mm，R_a0.8μm）

T12（淬火后低温回火处理，ϕ10mm×10mm，金相试样）

四、实验内容与步骤

（1）了解各种硬度计的构造、原理、使用方法，学习操作规程及安全事项，掌握操作方法。

（2）对各种试样选择合适的硬度试验方案，确定试验条件。并根据硬度计的试验条件，按照规程合理选用不同的载荷和压头，根据试样形状更换工作台。超过适用范围，将不能获得准确的硬度值。

（3）用标准硬度块校验硬度计。校验的硬度值不应超过标准硬度块硬度值±3%（布氏硬度），或±1%~±1.5%（洛氏硬度）。

（4）测定各种试样的硬度，记录试验结果。

本实验应准备多种材料种类、工艺条件和形状尺寸不同的试样，以使学生学会正确选择硬度试验方法、确定试验条件，并掌握各种硬度试验操作方法。

五、实验数据的记录与计算

试验数据分别记录于表1-7~表1-9。

表 1-7 布氏硬度试验记录

材料	热处理	试验规范				试验结果				
		P/D^2	压头直径 D /mm	试验力 P /kgf	保持时间 t /s	压痕直径 d/mm			硬度值	表示法
						d_1	d_2	d_3		

表 1-8 洛氏硬度试验记录

材料	热处理	试验规范			试验结果					
		标尺	压头	主载荷力	第一次	第二次	第三次	第四次	平均值	表示法

表 1-9 显微硬度试验数据记录

试验次数	测量压痕对角线长度 d/mm	实际压痕对角线长度 d/mm	实验力 F/N	保压时间/s	显微硬度 HV_m

六、实验报告与要求

(1) 简述实验目的和要求。
(2) 说明本实验使用的各种硬度计的型号、操作程序及注意事项。
(3) 分析各种试样硬度试验方法与试验条件的选择原则，并附硬度试验结果。
(4) 说明各种硬度值表示方法的意义。
(5) 比较材料不同热处理状态下布氏硬度值、洛氏硬度值和显微硬度值的差别。
本试验依据的国家标准为：
(1) GB/T 231.1—2009《金属材料 布氏硬度试验 第一部分：试验方法》。
(2) GB/T 230.1—2009《金属材料 洛氏硬度试验 第一部分：试验方法》。
(3) GB/T 4340.1—2009《金属材料 维氏硬度试验 第一部分：试验方法》。

实验2 冲击实验

一、实验目的

(1) 了解冲击试验原理和冲击试验机的主要构造。
(2) 掌握冲击韧度的测量方法。
(3) 测定碳钢、灰铸铁的冲击性能指标冲击韧度。
(4) 比较碳钢与灰铸铁的冲击性能指标和破坏断口的形貌。

二、原理概述

金属材料的静载荷试验（拉力、硬度、弯截、压力、持久、蠕变等）可以得到许多有重要意义的力学性能指标。然而在工程结构中常见的机器设备多数却是在动载荷条件下工作，例如凿岩机、起重机、锻压机械、轧钢机械等。静载荷所决定的力学性能指标不能准确描述动载荷下的条件，尤其是在变形速度很大的急加载荷情况下。

为测定金属材料承受动载荷的力学性能，人们提出过多种动力试验方法。最初为检验钢轨质量，把钢轨放在1m跨距的支架上，用1t重落锤从2m高度自由下冲，若干次后不发生折损即为合格。后来法国人Charpy采用摆锤冲击试验的方法，称为Charpy冲击。当时因试样不开缺口，致使韧性高的试样不能冲断。后来为表示试样的脆性转化趋势和应力集中情况，将试样开不同形式的缺口，形成了现在广泛应用的一次冲击弯曲试验。

（一）试验原理

由于冲击载荷是能量载荷，故其抗力指标不是用力表示，而是用所吸收的能量表示。即材料在冲击载荷作用下，产生塑性变形和断裂过程吸收能量的能力，定义为材料的冲击韧性。用冲击试验的方法测定材料的冲击韧性时，需将规定几何形状的缺口试样置于试验机两支座之间，缺口背向打击面放置，用摆锤一次打击试样，测定试样的吸收能量，如图2-1所示。

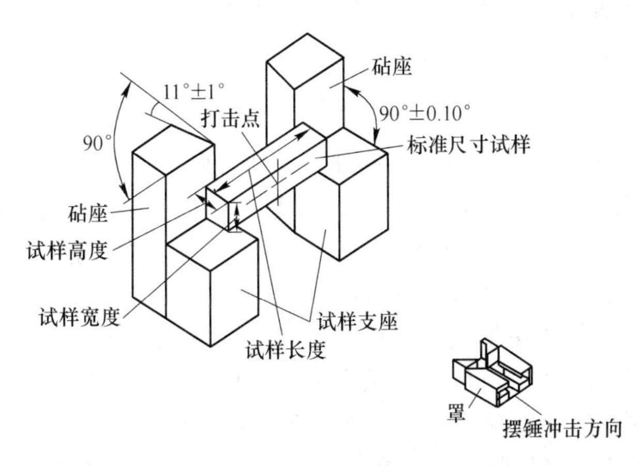

图2-1 试样与摆锤冲击试验机支座及砧座相对位置示意图

由于多数材料冲击值随温度变化，因此试验应在规定温度下进行。当不在室温条件下试验时，试样必须在规定条件下加热或冷却，以保持规定的温度。现在介绍常温、简支梁式、大能量一次性冲击试验。依据的是国家标准 GB/T 229—2007《金属材料 夏比摆锤冲击试验方法》，如图 2-2 所示。

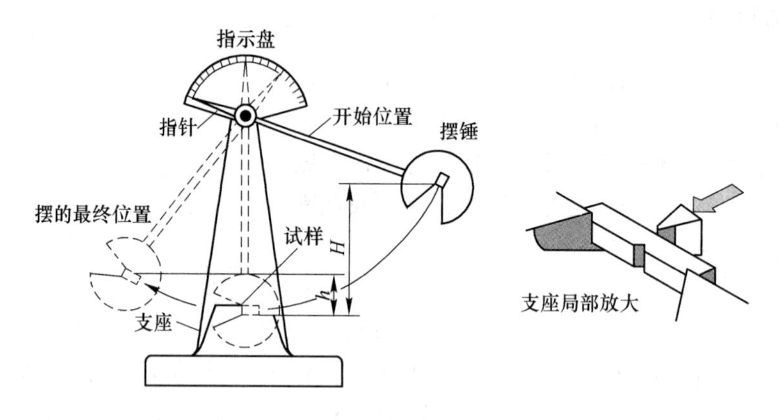

图 2-2 冲击试验工作示意图

夏比摆锤冲击试验是将扬起规定角度和具有一定位能的摆锤释放。冲击试样所消耗的总功为 K_p(J)，除以试样缺口处的截面积 F_A(cm^2)，所得商称为冲击值或“冲击韧性”，以 α_K 表示为：

$$\alpha_K = K_p/F_A = G(H-h)/F_A \tag{2-1}$$

式中 α_K——冲击韧度，J/cm^2；

F_A——试样缺口处的横截面积，cm^2；

K_p——冲击吸收功，J；

G——摆锤重力，kg；

H——摆锤初始高度，m；

h——摆锤冲断试样后上升的高度，m。

设摆锤质心至摆轴的长度为 L（称为摆长），摆锤的起始下落角为 α，击断试样后最大扬起的角度为 β，式（2-1）又可写为：

$$K_p = GL(\cos\beta - \cos\alpha)/F_A \tag{2-2}$$

K_p 表示冲断试样所消耗的总功或试样断裂前所吸收的能量，有确切的物理意义。而 K_p 除以断面的截面积 F_A 后，所得的 α_K 值，则变成了单位面积上的平均值，也就是将有明确意义的物理量转化为纯粹数量比较的关系，从而失去了物理意义。

冲击试样所消耗的总功 K_p 可分为两部分：其一是消耗于试样的变形（弹性变形和塑性变形）和破坏；其二是消耗于试样和机座的摩擦及将试样掷出、机座本身振动的吸收功等。因此严格地讲，K_p 值并不能代表试样断裂前所吸收的总能量。

人们为求得金属材料在动载荷作用下所表现的力学性能，提出了一次冲击试验方法。一次冲击试验虽然不能直接反映材料的性能，即 K_p 值不能表示材料的韧性和脆性。但是在长期使用过程中，发现冲击试验有许多明显的特点，如对材料内部结构的微小差异反应敏感、试样加工方法简便、试验机和试验方法简单等。故冲击试验至今仍被广泛地应用着，而且随着断裂力学的出现和应用，它将有更广泛的发展前景。

一般把 α_K 值低的材料称为脆性材料，α_K 值高的材料称为韧性材料。

α_K 值取决于材料及其组织、结构状态，与试样的形状、尺寸有很大关系。α_K 值对材料的内部结构缺陷、显微组织的变化很敏感，如夹杂物、偏析、气泡、内部裂纹、钢的回火脆性、晶粒粗化等都会使材料的 α_K 值明显降低。同种材料的试样，缺口越深、越尖锐，缺口处应力集中程度越大，越容易变形和断裂，即冲击值越小，材料表现出来的脆性越高。因此不同类型和尺寸的试样，其 α_K 或 K_p 值不能直接比较。

冲击试验机根据冲击方法不同，可分为落锤式、摆锤式和回转圆盘式冲击试验机。根据试样受力状态不同，又可分为弯曲冲击、拉伸冲击和扭转冲击等试验机。由于摆锤式弯曲冲击试验机（通常称为摆锤式冲击试验机）具有结构简单、操作方便、冲击能量易于测定及试样易于加工等优点，因而得到广泛应用。

（二）设备结构与操作程序

我国生产的摆锤式冲击试验机的型号主要有 JB-300 及 JB-300B 等。

下面以 JB-300B 型冲击试验机为例，介绍其结构与操作程序。

JB-300B 型冲击试验机的结构：JB-300B 试验机由机架、摆锤、指示装置、机械扬摆机构及摆轴制动机构等部分组成，如图 2-3 所示。

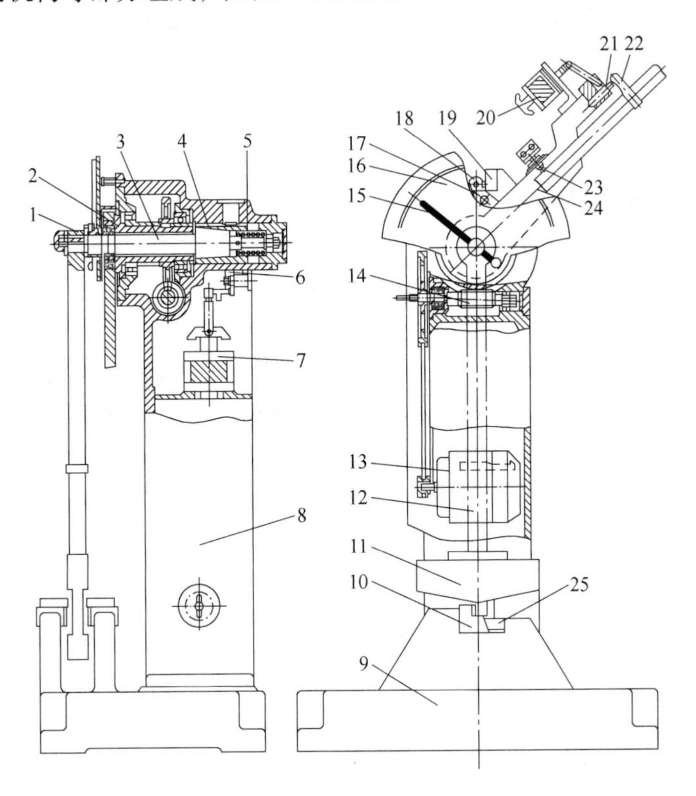

图 2-3 JB-300B 型冲击试验机结构示意图

1—拨针；2—轴套；3—主轴；4—制动套；5—弹簧；6—杠杆；7—电磁铁；8—立柱；9—底座；10—试样支座；11—摆锤；12—摆杆；13—电动机；14—蜗轮副；15—指针；16—标度盘；17—横轴；18—螺钉；19，23—微动开关；20—电磁铁；21—插销；22—挂钩；24—摆臂；25—压块

（1）机架部分：由底座9、立柱8及试样支座10等组成。试样支座跨距可用随机带来的40mm及70mm的跨距调整样板进行调整，并由螺钉通过压块25紧固。

（2）摆锤部分：由摆锤11、摆杆12及挂钩22等组成。摆杆12由空心杆做成，在摆杆内装有调整重心用的滑块。滑块通过与它配合的丝杠转动，可做上、下位移来调整摆锤系统的重心。为了扩大测量范围，本机配有最大能产生150J和300J两种冲击能量的摆锤，可根据材料冲击韧性的不同而更换。

（3）指示装置：主要零部件有标度盘16、指针15和拨针1等。指针套在轴套2上，借弹簧片的弹力使其与轴套保持一定的摩擦力，以防止自由转动。拨针紧固在主轴3上，并随摆杆一起转动。当摆锤冲断试样后向另一侧扬起时，拨针便带动指针将其转到标度盘上一定位置。指针在标度盘上的指示值就是冲断试样所消耗的功。根据所用摆锤质量的不同，标度盘上有冲击能量为0～150J和0～300J两种刻度范围，试验时按实际测试范围选用。

（4）机械扬摆机构：用以减轻试验人员的劳动强度。主要功能由机械完成取摆、挂摆、释放等动作。主要组成为电动机13、蜗轮副14、轴套2以及摆臂24和它上面的电磁铁20、微动开关19和23、插销21等，由操纵按钮控制：

1）取摆与扬摆：当按下“取摆”按钮时，电动机13启动，通过皮带轮、蜗轮副14、轴套2，带动摆臂24绕主轴3逆时针转动。摆臂上的微动开关23超过机架垂线与摆杆12相碰时，电动机反转。与此同时，摆臂上的插销21在弹簧作用下弹出，凸出部分钩住摆杆上的挂钩22，连同摆锤一起反时针方向回转。当摆臂上的微动开关19碰到螺钉18后，电动机停止转动。依靠摆臂的转动惯性，使摆臂上的滚花螺钉压紧横轴17，实现自动定位，从而自动完成其取摆与扬摆动作。

2）释放摆锤：当按下“冲击”按钮时，电磁铁20通电，通过杠杆克服弹簧的弹力将插销21拉回。当插销的凸出部分脱离挂钩22时，摆锤自动落下，实现对试样的冲击。

（5）摆动制动机构：这一机构包括制动套4、弹簧5、杠杆6及电磁铁7等零件。主轴3的后端与制动套以锥体相配合。借弹簧的弹力使制动套与锥体产生摩擦力，制动主轴。当电磁铁7通电吸合时，通过杠杆系统克服弹簧弹力，将制动套拉向右侧，主轴便可自由转动。当按下“制动”按钮时，电磁铁失电，制动套便在弹簧作用下推向左侧抱住主轴，从而制动摆锤。

JB-300B摆锤式冲击试验机的主要技术参数：最大冲击能量300J，摆锤的最大扬角为135°，试样中心至摆锤轴心的距离为800mm，冲击速度约为5.2m/s，试样支座跨距为40mm和70mm。

三、实验用材料与试样

按照国家标准GB/T 229—2007《金属材料 夏比摆锤冲击试验方法》，金属冲击试验所采用的标准冲击试样长度为55mm，截面积为10mm×10mm方形截面。在试样长度中间有V型或U型缺口，如图2-4所示。

图2-4中符号l、h、w和数字1～5的尺寸见表2-1。

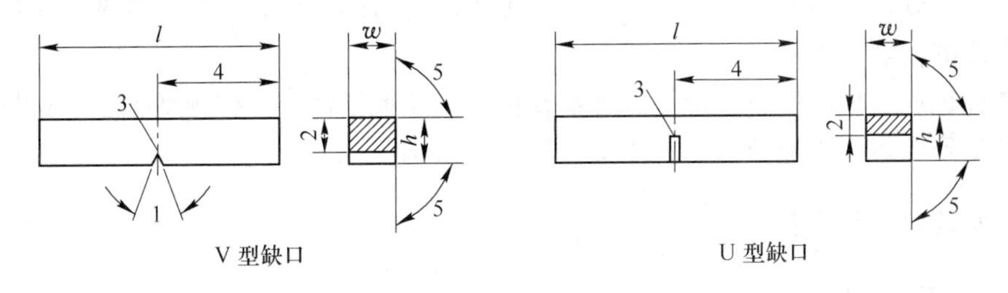

图 2-4 夏比冲击试样

（符号 l、h、w 和数字 1 ~5 的尺寸见表 2-1）

表 2-1 试样的尺寸与偏差

名 称	图 2-4 中符号及序号	V 型缺口试样		U 型缺口试样	
		公称尺寸	机加工偏差	公称尺寸	机加工偏差
长度	l h w	55mm	±0.6mm	55mm	±0.6mm
高度①		10mm	±0.075mm	10mm	±0.11mm
宽度①					
——标准试样		10mm	±0.11mm	10mm	±0.11mm
——小试样		7.5mm	±0.11mm	7.5mm	±0.11mm
——小试样		5mm	±0.06mm	5mm	±0.06mm
——小试样		2.5mm	±0.04mm	—	—
缺口角度	1	45°	±2°	—	—
缺口底部高度	2	8mm	±0.075mm	8mm②	±0.09mm
				5mm②	±0.09mm
缺口根部半径	3	0.25mm	±0.025mm	1mm	±0.07mm
缺口对称面 - 端部距离①	4	27.5mm	±0.42mm③	27.5mm	±0.42mm③
缺口对称面 - 试样纵轴角度	—	90°	±2°	90°	±2°
试样纵向面间夹角	5	90°	±2°	90°	±2°

① 除端部外，试样表面粗糙度应优于 R_a 5μm；

② 如规定其他高度，应规定相应偏差；

③ 对自动定位试样的试验机，建议偏差用 ±0.165mm 代替 ±0.42mm。

本试验使用标准的夏比 V 型缺口冲击试样。材料为 Q235 和 HT20-40，冲击试样的底部应光滑，试样的公差、表面粗糙度等加工技术要求符合国家标准 GB/T 229—2007。

冲击时，由于试样缺口根部形成高度应力集中，吸收较多的能，缺口的深度、曲率半径及角度的大小都对试样的冲击吸收功有影响。为保证尺寸精度，缺口应采用铣削、磨削或专用的拉床加工，要求缺口底部光滑，无平行于缺口轴线的刻痕。试样的制备也应避免由于加工硬化或过热而影响其冲击性能。

如试料不够制备标准尺寸试样，可使用宽度为 7.5mm、5mm 或 2.5mm 的小尺寸试样，其尺寸与相应缺口的要求参见表 2-1，缺口应开在试样的窄面上。试样表面粗糙度 R_a 应优于 5μm，端部除外。

对于需热处理的试验材料，应在最后精加工前进行热处理，除非已知两者顺序改变不会导致性能的差别。

试样标记应远离缺口，不应该标在与支座、砧座或摆锤刀刃接触的面上。试样标记应避免塑性变形和表面不连续性对冲击吸收能量的影响。

四、实验仪器和设备

（1）JB-300B 冲击试验机。

（2）游标卡尺若干把。

五、实验内容与步骤

（一）实验内容

测定钢 Q235 与铸铁 HT20-40 的冲击韧性，并对这两种材料的抗冲击能力和破坏断口的形貌进行比较。

（二）实验步骤

（1）检查测量试样的形状、尺寸及缺口质量是否符合国家标准的要求，并计算缺口的截面积。

（2）选择合适的摆锤，冲击试验机一般在摆锤最大打击能量的 10% ~90% 范围内使用。

（3）试验前应检查摆锤在空击（未装试样）时的回零误差和设备空载能耗。举起摆锤，试验机上不放置试样，将指示针（即从动针）拨至标度盘最大冲击能量刻度处，然后将摆锤空击。

空击的操作步骤为试验机通电→操作手柄拨向开关拨到“开”→按“取摆”键→按“退销”键→按“冲击”键。空击指针（即从动针）偏离刻度的示值（即回零误差）不应超过最小分度值的 1/4。若回零误差的值较大，应调整主动针位置，一直到空击时从动针指为零。

（4）试验前应检查砧座跨距，砧座跨距应保证在 40mm +0.2mm 以内。

（5）使用专业对中块，按图 2-1 使试样贴紧支座安放，缺口处背向摆锤冲击方向，并使缺口对称面位于两支座对称面上，其偏差不应大于 0.5mm。

（6）使操纵手柄置于“取摆”位置，将摆锤抬起，销住摆锤，注意在摆动范围内不得有人和任何障碍物。

（7）按操作手柄“冲击”键，使摆锤摆动一次后，摆锤在惯性摆动作用下，电机转动将摆锤再次提升到“取摆”的位置。记录从动针在刻度盘上的指示值，即为冲断试样所消耗的功。

（8）试验结束，按如下程序进行，按“退销”键，止动销退回，然后按住“放摆”键不放松，电机带动摆锤缓慢下行，直至摆锤到最低处，松开“放摆”键，关闭操作手柄开关，关闭试验机电源开关。

（三）实验注意事项

（1）注意在安装试样时，不得将摆锤抬起。在摆锤摆动范围内，不得有任何人员活动或放置障碍物，以保证安全。

（2）试样吸收功 K 不应超过实际初始势能 K_p 的80%，如果试样吸收能超过此值，在试验报告中应报告为近似值并注明超过试验机能力的80%，建议试样吸收能量 K 的下限应不低于试验机最小分辨力的25倍。

（3）带有保险销的半自动冲击试验机，冲击前应先退销，然后再释放摆锤冲击。

（4）冲击吸收功在100J以上时，取三位有效数；在10～100J时，取两位有效数；小于10J时，保留小数后一位，并修约到0.5J。

（5）对于试样试验后没有完全断裂，可以报出冲击吸收能量，或与完全断裂试样结果平均后报出。

（6）如果试样卡在试验机上，试验结果无效，应彻底检查试验机，否则试验机的损伤会影响测量的准确性。

（7）如断裂后检查显示出试样标记是在明显的变形部位，试验结果可能不代表材料的性能，应在试验报告中注明。

（8）试样断口有明显的夹渣、裂纹、气孔等缺陷时，应加以注明。

六、实验数据的记录与计算

数据记录见表2-2。

表2-2　冲击试验数据记录表

试 样 材 料	试样缺口处的横截面面积 F_A/cm^2	试样所吸收的能量 K_p/J	冲击韧度 $\alpha_K/J \cdot cm^{-2}$
碳钢			
灰铸铁			

七、实验报告与要求

（1）简述实验目的及要求。

（2）画出冲击试样形状及尺寸，并注明材料牌号及热处理状态。

（3）整理试验数据，计算出碳钢和灰铸铁的 α_K 值并分析比较其值的大小和断口形貌，指出各自的特征，并确定两种材料的韧脆性。

（4）观察冲击试样断口形貌有什么意义？

实验 3　压痕法在材料学中的应用 I
——压痕法陶瓷材料断裂韧度 K_{IC} 值的测定

一、实验目的

（1）了解断裂韧度测试的基本原理。
（2）掌握压痕法测定断裂韧度的测试方法及试验结果的处理方法。

二、原理概述

断裂韧度是用于测量含有缺陷（裂纹）的材料的承载能力。它具有非常重要的意义，实际工程应用中的材料不可能是完美无缺陷的，而断裂力学为我们提供了在考虑缺陷存在的情况下，设计和选择材料的一种有效途径：

（1）如果我们知道材料中缺陷的最大尺寸和施加的最大应力，就可以选择具有较大的断裂韧度的材料，以阻止裂纹的扩展。

（2）如果我们知道材料最大的缺陷尺寸和断裂韧度，便可以计算出零件能够承受的最大应力。

一般的断裂韧度实验可以通过在含有已知尺寸和几何形状的裂纹的试样上施加应力来进行。其表达式为：

$$K_{IC} = f\sigma\sqrt{\pi a} \tag{3-1}$$

式中　f——与试样和裂纹有关的几何系数，对于表面（有限）裂纹，$f=1.12$，对于内部裂纹（无限大物体内），$f=1.0$；
　σ——所施加的应力；
　a——裂纹尺寸。

但是陶瓷等脆性材料的断裂韧度试验很难用上述方法进行。因为在陶瓷材料上开缺口时，经常会导致样品的破裂，所以一般用硬度试验法即直接压痕法来测定陶瓷材料的断裂韧性。

在常规的硬度实验中，材料表面与硬度压头的接触点处，除了会发生局部的不可逆形变之外，在形变区附近还会因为高度的压力集中而形成微开裂。自 20 世纪 70 年代中期以来，大量的研究集中于讨论根据表面压痕裂纹尺寸直接确定材料断裂韧性 K_{IC} 的可能性，并取得了显著的进展。直接压痕法已经在陶瓷材料断裂韧性的测试方面得到了较为广泛的应用。

已经提出的直接压痕法测定材料断裂韧性的经验计算公式不下二十种，其中较为通用的一个是由 Anstis 等人于 1981 年提出的。

$$K_{IC} = a_0\left(\frac{E}{HV_m}\right)^{\frac{1}{2}}\frac{F}{d^{3/2}} \tag{3-2}$$

式中　E——材料的弹性模量，$N/m^{3/2}(Pa)$；
　F——加压载荷，N；
　d——二次裂纹的半长，m；
HV_m——材料的硬度值，N/m^2。

α_0 是一个与硬度压头形状有关的无量纲（量纲为 1）经验常数，对于标准 Vickers 硬

度压头 $\alpha_0=0.016$ 为几何常数。

相关文献介绍，在式（3-2）的推导过程中采用了一个基本假定，即在压痕结束后，压痕裂纹尖端处的残余应力场强度在数值上应该等于材料的断裂韧性。对于具有阻力曲线行为的材料，这一假定则应该修正为压痕裂纹尖端处的应力场强度在数值上应该等于材料的断裂阻力。如果所测试的是一种均质材料，材料表面任意位置处的裂纹阻力都是相同的，则施加相同的载荷获得的压痕，由直接压痕法测得的 K_{IC} 值应该为一个常数。但是，材料的断裂阻力是一个与材料显微结构密切相关的参数，而大多数陶瓷材料从压痕裂纹尺寸这一尺度上看，并不能视为均质材料。因此，在材料表面不同位置处测得压痕断裂韧性应该是不同的。

在相同的压痕施加载荷下，欲获得接近准确的测试结果。文献指出：如果使压痕断裂韧性的测试值服从 Weibull 分布，在采用直接压痕法测定陶瓷材料的断裂韧性时，除需要获得测试结果的平均值和均方差之外，还必须进一步加大实验量，以求对测试结果的统计分布性质做出准确的描述。

考虑到 Weibull 模数的准确确定一般需要有一个容量不小于 30 的样本，因此，采用直接压痕法测定陶瓷材料的断裂韧性，最好进行不少于 30 次的重复测试，以保证测试结果的可比性和完整性。

本次试验用维氏显微硬度法来测定陶瓷的断裂韧度，其操作方法见实验 1。

当陶瓷材料被压试时，局部的拉应力在压痕处产生二次裂纹，裂纹的长度提供了陶瓷材料的断裂韧度的测量依据。与硬度值（HV_m）、弹性模量（E）以及裂纹长度有关的断裂韧度可以通过式（3-2）表达。

图 3-1 为评定陶瓷材料断裂韧性时产生的二次裂纹的示意图。压痕长度为 $2a$，从压痕角上产生的二次裂纹长度为 $2d$。图 3-2 为经过抛光后的 SiC 片，使用显微硬度计所获得的压痕及二次裂纹扩展形貌图。

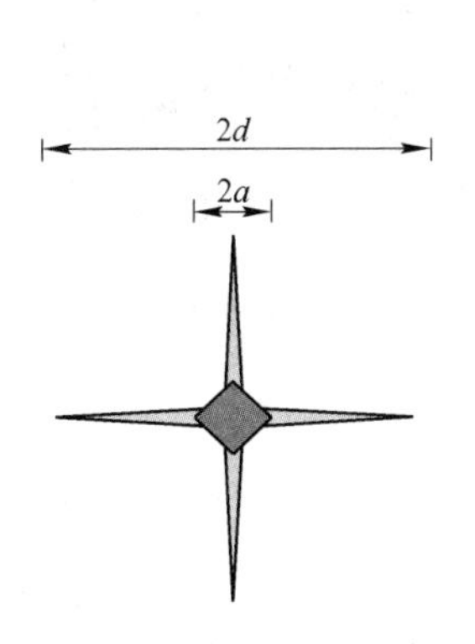

图 3-1 二次裂纹示意图

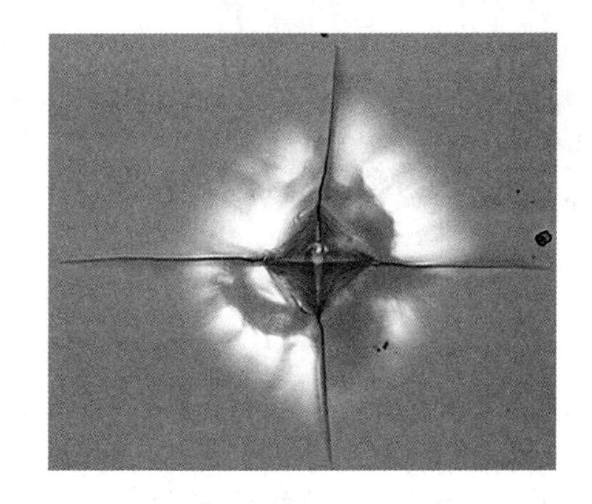

图 3-2 SiC 显微硬度压痕及二次裂纹扩展图

三、实验设备与材料

（1）HXD-1000TM/LCD 显微硬度计。

（2）抛光机。

（3）切片机。

（4）测试试样 SiC 片、玻璃片、民用陶瓷等。

选择相同工艺条件的构件，利用切割机制得标准试样 ϕ2.5cm，厚约 1cm 的圆片 5 ~ 10 个，SiC 片可以薄一点。利用抛光机将圆片磨成光滑平面待测。

四、实验内容与步骤

（一）实验操作

将学生分为三组，分别采用 0.3kgf、0.5kgf、1kgf 的荷载，进行试验。在选定的同一荷载下，测定不同试样 5 组 d、a 值，除去反常的 d 和 a 值，取其平均值。

其测试步骤如下：

（1）按照实验 1 中显微硬度计的操作方法，将被测材料的图像调清楚。

（2）选择载荷、保持时间，并进行 LL 值的校准与清零，按“START”加载，然后测出两条压痕对角线的长度，即 $2a$ 值；同时记录此时所施加的载荷 F 及硬度值 HV_m。

图 3-3 为仪器对图 3-2 的压痕对角线测试后的 HV_m 结果图，其中：

$$2a = (D_1 + D_2)/2 = 18.08\mu m$$

$$HV_m = 2837.4HV$$

$$F = 500gf$$

（3）旋转测微移动手轮和测微读数手轮，用测压痕对角线的方法，测出从压痕角上产生的二次裂纹长度，如图 3-1 和图 3-2 所示。再次分别读出并计算 D_1 与 D_2 的平均值，即为 $2d$ 值；注意，此时不再记录 HV_m 值。代入式（3-2），求出试样的 K_{IC} 值。

图 3-4 为显微硬度计对图 3-2 压痕角上产生的二次裂纹长度测量结果，其中：

$$2d = (D_1 + D_2)/2 = (62.22 + 65.30)/2 = 63.76\mu m$$

图 3-3 压痕硬度 HV_m 及 $2a$ 测试结果数据图

图 3-4 压痕角上产生的二次裂纹长度测量结果

（二）实验结果影响因素讨论

影响压痕法测量陶瓷材料 K_{IC} 准确性的因素很多，主要有：

（1）压痕载荷的大小。为了得到清晰，符合要求的压痕图形，压痕载荷的选择至关重要。载荷小，材料的损伤由形变过程控制，可以用来估计材料对形变的抗力 H（硬度）。只有当压痕载荷足够大，才能使压痕诱发出裂纹来，这时材料的损伤由断裂过程控制，可以估计材料对断裂的抗力 K_{IC}（断裂韧性）。但压痕载荷过大，会产生碎片，得不到清晰的压痕图形，同时残余应力也会相应增大。压痕载荷的大小以得到符合要求的压痕图形（$d \geqslant 2a$）而没有碎片溅出为宜。

（2）观察时间的选取。由于压痕周围存在残余应力场，在压头卸载后，压痕裂纹还会缓慢扩展。残余应力越大，裂纹扩展得越快。测量压痕裂纹的时间不同，得到的结果也不一样，一般采用卸载后1min测量压痕及裂纹长度的方法。

（3）环境因素的影响。由于压头卸载后，压痕裂纹还会缓慢扩展，影响扩展速率的环境因素就需要认真考虑。在油中和空气中，压痕裂纹扩展速率不同。就是在空气中，由于湿度差异也会引起扩展速率的不同。一般来说在油中，卸载1h后裂纹就不再扩展了。因此，可以在压痕处滴上一滴清亮的机油，用一块洁净的盖玻片盖上，再进行观察测量，能得到较好的结果。

（4）测量误差的影响。K_{IC}不是直接测量得到的，而是经过计算得到的。在用压痕法计算K_{IC}的公式中，压痕a和裂纹d的测量准确度直接影响K_{IC}的准确度。而陶瓷材料表面微裂纹在光学显微镜下是很不好观察的。首先要求试样的试验表面尽可能光洁，通常需要精磨后再抛光；其次要选择适当的显微镜的放大倍数，现在市场上的显微硬度计所提供的物镜有10倍和40倍两种，可进行切换。另外，观察者的操作手法及压痕图像、二次裂纹的调节清晰度也会带来误差。需多观察，积累经验。

五、实验数据的记录与计算

将所测数据填入表3-1并计算断裂韧度。

表3-1　试验结果及计算

试验次数	维氏硬度 HV_m/N·m^{-2}	压痕长度 $2a$/m	裂纹长度 $2d$/m	断裂韧度 K_{IC}/N·m$^{3/2}$

为方便K_{IC}计算提供部分陶瓷材料的弹性模量，见表3-2。数据来源于网络，仅供参考。

表3-2　部分陶瓷材料的弹性模量数据

材　料	E/GPa	材　料	E/GPa
金刚石	1000	ZrO_2	140～210
WC	400～650	莫来石	145
TiO	310～550	玻璃	35～45
WC-CO	400～530	AlN	310～350
NbC	340～520	$MgO \cdot SiO_2$	40
SiC	430～450	$MgAl_2O_4$	240
Al_2O_3	360～390	BN	84
BeO	380	MgO	250
TiC	379	多晶石	10
Si_3N_4	220～320	TiO_2	29
SiO_2	94	TbO_2	150
NaCl、LiF	15～68	钠钙玻璃	70

六、实验报告与要求

（1）简要说明压痕法测试陶瓷材料断裂韧性的原理、试验装置及试验过程。

（2）记录所测试样的全部试验数据，对试验数据进行计算。

（3）试用 Weibull 分布分析计算数据的准确性。

实验3　压痕法在材料学中的应用Ⅱ
——压痕应变法测定金属材料的残余应力

一、实验目的

（1）熟悉压痕应变法测定金属材料的残余应力的原理。
（2）掌握粘贴电阻应变片的方法及电阻应变仪、小负荷布氏硬度计的操作方法。
（3）学会试板的标定方法，并应用标定曲线确定多项式常数。
（4）探索压痕应变法测定金属材料的残余应力的改进办法。

二、原理概述

残余应力是在没有外力或外力矩作用的条件下，构件或材料内部存在并且自身保持平衡的宏观应力。根据 Macherauch 内应力模型和作用范围大小，内应力可以分为 3 类：第一类内应力又称为宏观应力，贯穿于整个物体内部；第二类内应力存在于单个晶粒的内部，当这种平衡遭到破坏时，晶粒尺寸会发生变化；第三类内应力则是指原子间的相互作用力。可以认为，残余应力是第一类内应力的工程名称。残余应力形成的根本原因，主要是微观上不同原子或同种原子不同排列方式造成材料成分或者结构上的不均匀性，所导致的原子间相互作用力的变化在宏观上的体现。铸造、锻压、焊接、喷涂等各类机械加工成型过程都会导致材料出现残余应力。

残余应力的存在会改变工件服役过程中的应力状态，对工件寿命有着较大的影响。残余应力会引起结构件及模具变形，形状与尺寸准确度变差；在残余拉应力条件下的腐蚀环境中会引起应力腐蚀；大锻件去除应力不及时，残余应力过大会导致开裂甚至断裂。研究表明，在工件中引入适当大小的残余压应力可以延长其疲劳寿命，如喷丸处理等工艺可以使工件表面形成压应力层，抑制裂纹的萌生与扩展，从而提高工件寿命。因此准确测定残余应力的大小与分布，在工程领域有着重要的应用前景。

残余应力的传统测量技术一般分为具有一定损伤性的机械释放测量法和非破坏性无损伤的物理测量法。无损测定主要有压痕应变法、X 射线衍射法（XRD）、超声法、磁性法、同步辐射法与中子衍射法等。

压痕法正处于研究阶段，被认为是一种非常有前途的残余应力测试方法，科研人员在这领域中进行了大量的研究工作，探索残余应力对硬度、刚度、加载功和塑性区域以及压入响应的影响规律，使测量原理、测量技术、实验手段趋于可行性，并把压痕法测试手段应用于残余应力的实际测试研究中。

（一）压痕法测量原理

在平面应力场中，由压入球形压痕产生的材料流变会引起受力材料的松弛变形（拉应力区材料缩短，压应力区材料伸长），与此同时，由压痕自身产生的弹塑性区及其周围的应力应变场在残余应力的作用下也要产生相应变化。这两种变化行为的叠加所产生的应变变化量可称为叠加应变增量（简称应变增量）。利用球形压痕诱导产生的应变增量求解残余应力的方法称为压痕应变法。

压痕应变法采用电阻应变花作为测量用的敏感元件，在应变栅轴线中心点通过机械加载制造一定尺寸的压痕，如图3-5所示；通过应变仪记录应变增量数值，利用事先对所测材料标定得到的弹性应变与应变增量的关系得到残余应变大小，再利用胡克定律求出残余应力。

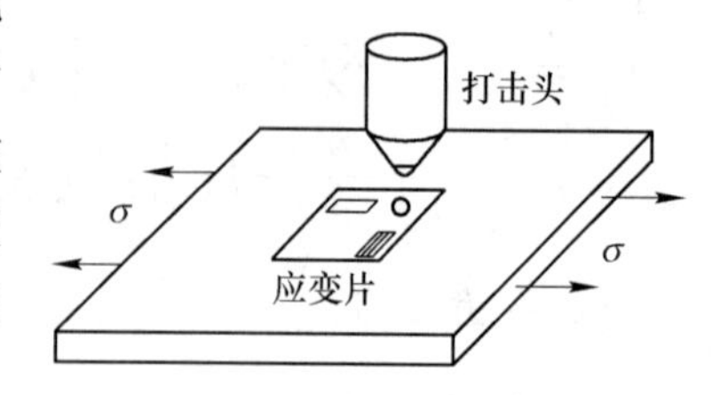

图3-5 压痕应变法测量残余应力示意图

研究表明，一定尺寸的球形压痕在残余应力场中产生的应变增量与弹性应变之间存在确定的多项式关系，即可将应变增量 $\Delta\varepsilon$ 与弹性应变 ε_e 的关系用式（3-3）表示为：

$$\Delta\varepsilon = B + A_1\varepsilon_e + A_2\varepsilon_e^2 + A_3\varepsilon_e^3 \tag{3-3}$$

式中 $\Delta\varepsilon$——应变增量；

ε_e——弹性应变；

B——零应力下的应变增量；

A_1，A_2，A_3——多项式常数，由标定曲线确定。

在标定常数已知的情况下可以通过应变增量 $\Delta\varepsilon$ 求得残余应力。关于压痕应变法的国内相关标准有 GB/T 24179—2009《金属材料残余应力　测定压痕应变法》。该标准指出，可以将应变增量与弹性应变之间的关系简化为分段线性关系以利于数据处理，而且误差很小。此时的应变增量和弹性应变的关系可用式（3-4）简单的线性关系统一表述：

$$\Delta\varepsilon = A\varepsilon_e + B \tag{3-4}$$

式中 $\Delta\varepsilon$——应变增量；

ε_e——弹性应变；

A——标定系数（直线斜率）；

B——标定系数（直线截距）。

注：在不同方法方向水平拉应力的作用区域以及压应力作用区，A、B 系数可能是不同的。

当在非主应力方向标定或测量应力时，如果此时主应力大于 $0.3R_{p0.2}$（$R_{p0.2}$ 为被测材料的规定塑性延伸强度）或夹角大于10°，则常数 A 要发生变化（但 B 值不变），它是一个与主应力方向夹角 α（应变1的长度方向与主应力 x 方向的夹角）有关的函数：

$$A = B + B_1\alpha + B_2\alpha^2 \tag{3-5}$$

式中 B——零应力下的应变增量；

B_1，B_2——多项式常数，由标定曲线确定。

（二）不同测量条件下的残余应力计算方法

1. 已知主应力方向

在已知主应力方向时，可以直接采用双向应变花测量残余应力。将两个相互垂直的应变栅，分别沿主应力方向粘贴，或在测量焊接残余应力时，将两个相互垂直的应变栅，沿与焊缝平行（x 向）和垂直（y 向）方向粘贴。在获得应变增量 $\Delta\varepsilon_x$、$\Delta\varepsilon_y$ 后，利用式（3-3）或式（3-4）求得弹性应变 ε_{ex}、ε_{ey}，然后按式（3-6）计算残余应力 σ_x、σ_y：

$$\sigma_x = E(\varepsilon_{ex} + \nu\varepsilon_{ey})/(1-\nu^2)$$

$$\sigma_y = E(\varepsilon_{ey} + \nu\varepsilon_{ex})/(1-\nu^2) \quad (3\text{-}6)$$

式中　σ_x——沿 x 方向的应力（沿主应力或平行焊缝方向）；

σ_y——沿 y 方向的应力（沿主应力或垂直焊缝方向）；

ε_{ex}——沿 x 方向的弹性应变；

ε_{ey}——沿 y 方向的弹性应变；

E——材料的弹性模量（低合金钢取 210GPa，具体材料查相关手册）；

ν——材料的泊松比（一般金属材料取 0.285）。

2. 未知主应力方向

在任意方向的应力场中，如果获得的最大拉伸弹性应变小于 $0.3\varepsilon_{e0.2}$（$\varepsilon_{e0.2}$对应于 $R_{p0.2}$的应变），或者已知所贴应变栅与主方向的夹角小于 10°，则仍可采用单向标定的结果按照上述的方法进行计算。

若不满足上述条件，需要求解主应力或任意方向的应力值，就需要采用三向直角应变花，根据标定曲线或有限元计算结果进行迭代计算。

如果通过三向应变花分别得到应变增量 $\Delta\varepsilon_1$、$\Delta\varepsilon_2$、$\Delta\varepsilon_3$ 后，可利用式（3-3）求得 $\alpha = 30°$时，对应的弹性应变 ε_{e1}、ε_{e2}、ε_{e3}，然后按照式（3-7）计算夹角 α：

$$\tan(2\alpha) = (2\varepsilon_{e2} - \varepsilon_{e1} - \varepsilon_{e3})/(\varepsilon_{e1} - \varepsilon_{e3}) \quad (3\text{-}7)$$

将此时求得的夹角 α 代入式（3-5）求得新的系数 A，再按式（3-3）重新计算弹性应变 ε_{e1}、ε_{e2}、ε_{e3}，再代入式（3-7）中计算新的夹角 α。比较两次夹角差值，如果误差小于 5°，则按照式（3-8）计算主应变，最后再利用式（3-6）计算对应的主应力 σ_x、σ_y：

$$\varepsilon_{ex} = (\varepsilon_{e1} + \varepsilon_{e3})/2 + 0.707[(\varepsilon_{e1} - \varepsilon_{e2})^2 + (\varepsilon_{e2} - \varepsilon_{e3})^2]^{1/2}$$
$$\varepsilon_{ey} = (\varepsilon_{e1} + \varepsilon_{e3})/2 - 0.707[(\varepsilon_{e1} - \varepsilon_{e2})^2 + (\varepsilon_{e2} - \varepsilon_{e3})^2]^{1/2} \quad (3\text{-}8)$$

三、实验设备与材料

（1）HBS-62.5 数显小布氏硬度计、十字滑台导向装置、三点弯曲机构。

（2）CM-1L 电阻应变仪、数字万用表、体视显微镜。

（3）电阻应变片（应变花）。

（4）试样：铝板、钢板。

（5）移动式抛光机、砂纸、导线、502 快干胶、美工刀等。

四、实验内容与步骤

（一）电阻应变片（应变花）

应选双向或三向直角应变花，如图 3-6 所示，图中应变片 1 和 3 呈 90°，应变片 2 与应变片 1 呈 45°或 135°。应变花电阻值为 120Ω 或 60Ω。片基应在 30～60μm 之间。

为测量的方便性和准确性，所选用的应变花外形尺寸不宜太大，长宽尺寸推荐 5.0～10.0mm；应变栅尺寸的长宽尺寸为 1.0～2.0mm。

应变栅端到压痕中心的距离要适当，该值与压头直径和压痕直径有关。压头直径一般在 1.0～3.0mm，对应的压痕直径在 0.8～1.5mm，应变栅顶端到压痕中心距离在 2.5～4.0mm 较为适宜。

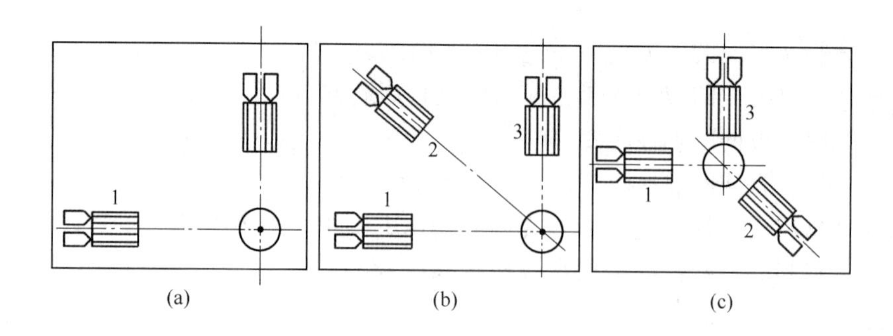

图3-6 压痕应变法测量残余应力用双向（a）和三向（b）（c）直角应变花

为方便产生压痕，应变花上应刻有应变栅轴线的交点标记作为压痕对中打击点。

（二）压痕对中与加载要求

为准确地在应变花的交点位置产生压痕，需要事先通过光学放大镜对中，并通过相应装置确保对中精度。建议选用放大倍数20～40倍、内置十字刻度线的显微镜。本实验贴应变花时在体视显微镜下操作，倍数可连续调整。压痕产生在数显小布氏硬度计上进行，该机带有5倍物镜和10倍目镜，可达到放大50倍的形貌图像满足对中要求。球形压头直径为1mm、2.5mm，也在标准要求范围内。

压痕产生可采用静力加载方式，也可以采用冲击加载方式。为确保测量过程中获得确定的压痕尺寸，应保证实测时所用力或能量与试验标定时所用的相同。数显小布氏硬度计的微电脑处理系统可进行加载时间设置，试验中设置统一时间。压痕深度应控制在0.1～0.3mm，根据具体材料不同，可选择不同的载荷加载，确保压痕深度满足标准规定的要求范围。

（三）测量步骤

压痕应变法测量残余应力的过程可以分为四个步骤：被测构件的表面准备、应变片的粘贴、压痕产生和数据处理。

1. 被测构件的表面准备

表面准备是指为了满足粘贴应变片和制造压痕的需要而进行的表面平整过程，测量位置的划定原则是根据应力分析的要求和被测构件表面附近的实际空间状态来确定。

对测量表面进行平整和除锈处理，打磨时用力要均匀、适当，避免产生新的应力。对于经过粗磨的或原始含锈等不够清洁光滑的表面，可采用专用的布抛光轮进行表面抛光处理，便于粘贴应变片并能减小由于表面粗磨可能造成的附加应力影响。

手工打磨应采用100～200号的砂布，在抛光过的表面做进一步手工打磨处理，打磨时可在两个相互垂直的方向上来回进行。通过此步骤可以在粘贴应变片时更为方便牢固，也可以进一步减小可能由机械打磨引入的附加应力。

2. 粘贴电阻应变片（应变花）

按应变片生产厂家的推荐要求粘贴应变片，采用502快干胶，保证应变片下方的胶层尽量薄。待应变片粘贴后10min或更长时间，在压痕周向点附近用刀片划断应变片，如

图3-7所示。仔细观察应变片，确保粘贴牢固，并且表层无多余胶层。

3. 试样压痕的压制

粘贴应变片1～4h后（取决于测量表面温度），将应变片的压痕中心点与数显小布氏硬度计目镜中心对齐。压痕产生后的对中偏差要求不大于0.05mm。

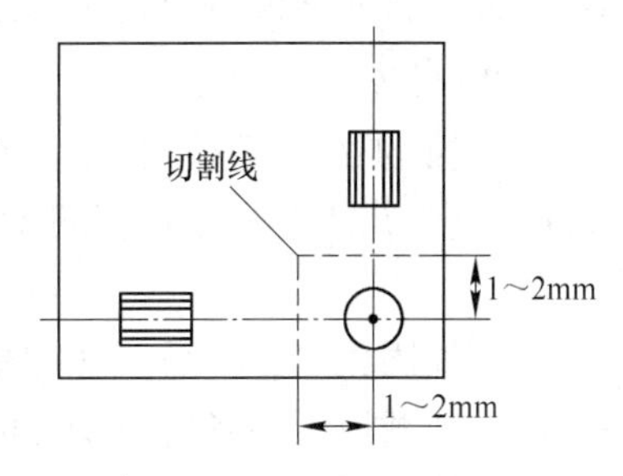

图3-7　应变片切割线

（1）调节时，转动数显小布氏硬度计的压头与物镜变换转盘，将5倍物镜处于前方位置，此时硬度计处于测量（聚焦）状态，将目镜的左边光栅刻度线调到镜筒的最大直径处，转动载物台旋轮，眼睛靠近测微目镜观察，当目镜的视场内出现明亮光斑，说明聚焦面即将到来，此时应缓慢微量上升或下降载物台，直至目镜中观察到试样表面清晰的成像。

（2）调节试样的十字滑台移动旋钮，使X轴方向的应变片中心线与镜筒中光栅刻度线重合；然后将目镜整体旋转90°，再次调节试样的十字滑台移动旋钮，使Y轴方向的应变片中心线与镜筒中光栅刻度线重合，至此完成压痕中心的对中。对中结束后切忌再移动试样或旋转十字滑台的X、Y方向的旋钮。

（3）依据材料性质硬度范围选择压头，可选1mm或2.5mm。转动数显小布氏硬度计载荷变换手轮，选择适当的载荷，载荷变换手轮调整的载荷力同步显示在屏幕上，同时，屏幕上显示每一挡位力值所对应的压头尺寸。

（4）载荷保持时间的确定，可根据需要按D+或D-，每按一次变化1s，“+”为增加保持时间，“-”为减少。

（5）转动压头与物镜变换转盘，使压头处于前方的位置，要感觉到变换转盘已被定位，转动时应小心缓慢地进行。防止过快产生冲击，此时压头顶端与试样的聚焦平面的距离约为0.25mm。

（6）按“启动”键，此时施加载荷（电机启动），屏幕上出现“请稍后…”表示加载，然后保持加载力，“10、9、8、…、0”秒倒计时；再次出现“请稍后…”表示卸除载荷；加载工作流程结束后蜂鸣器发出“嘀”的一声，加载全部结束。

4. 数据处理

记录压痕产生前后的应变差值（应变增量），根据式（3-3）或式（3-4）或标定曲线图得到相应的残余应变，按平面胡克定律计算残余应力。

（四）标定系数的确定

应力测量前，需要根据被测材料试验确定式（3-3）或式（3-4）中的A、B标定系数。

1. 标定试板

试验标定用的试板，必须采用与待测试样结构相同的材料制作，同时标定的试板，必须先经过加工、然后再进行消除内应力。采用退火热处理的方法消除内应力时，应避免材料性能的变化。

标定试板采用的尺寸为：长200～500mm（短长度的用于压缩标定），宽50～100mm，厚度一般不小于12mm。对于厚度不足的薄板，产生压痕时应增加测试试板的刚度，如在标定试板的背面紧贴一块衬板以达到20mm以上的厚度。

2. 标定方法

从试板的中心部位开始，向两头粘贴双向应变花，两个应变花的间距应不小于20mm。应变花两个相互垂直的应变片的方向与标定试板的长度（同拉伸方向）和宽度方向一致。

应变片固化1~4h后，在加载设备上首先用$0.8R_{p0.2}$的应力，在水平方向拉伸标定试板一次，卸载后观察各向应变片的应变变化情况，应保证应变片初始读数基本不变，否则应再次拉伸观察或重新粘贴应变片。加载方法可以是单向拉伸和压缩，也可以采用三点弯曲的方法实现，如图3-8所示。

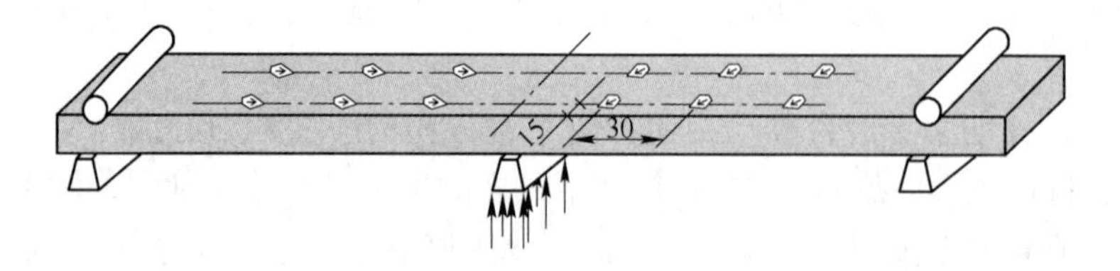

图3-8 三点弯曲及应变花在试板上的分布示意图

为了拟合出光滑曲线，至少选择5个不同的应力水平进行标定，尤其是拉应力下要有足够的标定点数。一般的标定应力水平为：$-0.3R_{p0.2}$、$0R_{p0.2}$、$0.3R_{p0.2}$、$0.5R_{p0.2}$、$0.7R_{p0.2}$和$0.9R_{p0.2}$，每个应力状态至少标定2点。如果各点之间的数值偏离较大，应增加标定点数。

3. 标定数据的处理

在取得上述不同应力水平下的应变增量数据后，进行如下标定数据的处理：

（1）将所得数据绘制成如图3-9所示的标定曲线。图中横坐标为标定过程中对应于外加应力的弹性应变ε_e，纵坐标为压痕应变增量，即在特定压痕制造系统下（固定的压头尺寸和压力），与弹性应变对应的输出应变值。

（2）图3-9中虚线是将$0.5R_{p0.2}$、$0.7R_{p0.2}$和$0.9R_{p0.2}$拉应力下横向应变片的应变增量

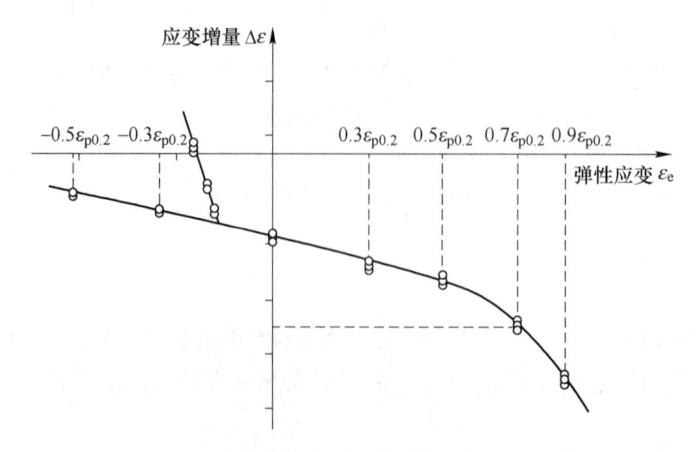

图3-9 标定数据的处理

连线后得到的。此时横向应变片受到外加压缩应变，但输出的应变增量变化规律与直接压缩时纵向应变片输出的应变增量有所不同。

4. 非主应力方向的标定系数确定

如果还需要进一步确定式（3-5），可以采用类似方法进行不同角度方向的标定，即粘贴三个方向应变花时，将应变栅与拉伸方向成一定夹角，然后做出式（3-5）所要求的标定关系曲线。

（五）CM-1L 电阻应变仪的原理与操作

1. 电阻应变仪的工作原理

电阻应变仪电桥的输出电压 ΔU 与各桥臂电阻应变片的实际应变 $\varepsilon_i(i=1、2、3、4)$ 有如下关系：

$$\Delta U = U_0 K(\varepsilon_1 - \varepsilon_2 + \varepsilon_3 - \varepsilon_4)/4 \tag{3-9}$$

式中　ε_i——各桥臂应变片的实际值；

K——应变片的灵敏系数；

U_0——供桥电压。

当电阻应变仪上“灵敏系数”定义为与电阻应变片的灵敏系数 K 一致时，应变仪读数值 $\varepsilon_{仪}$ 与各桥臂应变片的应变值 ε_i 有如下关系：

$$\varepsilon_{仪} = \varepsilon_1 - \varepsilon_2 + \varepsilon_3 - \varepsilon_4 \tag{3-10}$$

式中，ε_1、ε_2、ε_3、ε_4 分别为各桥臂应变片的应变值。

当电阻应变仪采用半桥式公共补偿测量时，其接线方法如图 3-10 所示。

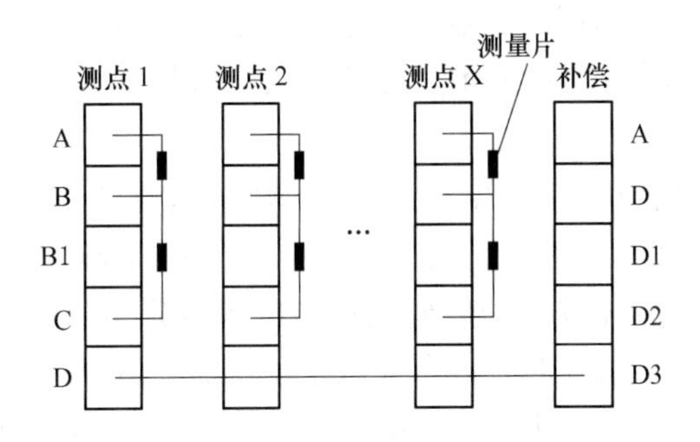

图 3-10　半桥式公共补偿桥路连接图

将工作应变片接于电阻应变仪的 A、B 接线柱上，补偿块的应变片接于应变仪的“补偿片”接线柱上，构成了外半桥连接；图 3-10 中的内半桥，则由应变仪内部的两个无感电阻构成。此时组成了半桥式测量，应变仪读出的应变数值为：

$$\varepsilon_{仪} = \varepsilon_{p} \tag{3-11}$$

读数值即为应变片所感受的试件应变值。

每一测试组连线应使用屏蔽电缆，长度相等，应变片阻值也应预先挑选，使其基本相等，以利于桥路平衡。

2. 试验操作方法

CM-1L 系列静态电阻应变仪键盘为矩阵式键盘，具有数字键及功能键。

数字键的功能：数字键主要用于数据采集通道的切换及 K 值大小的设置，由数字0～9以及增“▲”、减“▼”键组成。

功能键的功能：功能键共有5个键，即功能换键“Shift”、“K(S)”测量键、“总清/清零”键、“K(A)”巡检键、机号键。有关键盘的操作介绍如下：

（1）切换测点：测点的切换要求在测量界面下完成，可通过两种途径实现。

方法一：用户可通过数字键输入2位数来实现测点切换。如由键盘输入0、2，则表头显示屏显示切换为第2测点的应变。

方法二：用户可通过按“▲”“▼”键来查看各通道数据。

（2）K 值修正：当表头显示屏显示测量界面时，用户按“Shift”+“K(S)”测量组合键，将显示屏显示切换为 K 值修正界面，查看 K 值或对 K 值进行修正，即：首先在键盘按下功能换挡键“Shift”，释放键后再按下“K(S)”测量键，进入 K 值修正界面，显示屏显示当前测点应变片 K 值。在完成上述步骤后，可由数字键的输入对当前 K 值进行修改。例如，当前 K 值为2.000，若操作者输入的四位数如1999，则表头 K 值指示修正为1.999，完成对 K 值的设置并自动保存，也可以通过按“▲”“▼”键来设置。

显示屏显示 K 值时，只需按一下“K(S)”测量键，表头即可切换回测量界面显示应变（应变值与 K 值显示最明显的差别是应变值无小数点，K 值显示是2.000左右的数值）。若设置完 K 值返回测量界面，只对当前测点 K 值修正，在设置完 K 值后，按“K(A)”巡检键，则仪器所有测点的 K 值被修改为与当前测量点相同的 K 值并返回测量界面。

（3）总清/清零：按“总清/清零”键，对仪表当前的测点进行清零；若该键与“Shift”键相组合，则实现总清零功能，即先按下“Shift”键，再按“总清/清零”键对各测点自动进行清零，然后返回原测点（即总清零前的测点）。

（4）巡检：按一次“K(A)”巡检键，对各测点自动循环测量一次，并显示。

3. 测量操作

连线接好后打开电源，10位数码管发亮由5到0递减显示仪器完成自检并进入工作状态，应变表头左部1～2位显示联机站号，3～4位显示测点P，第5位显示正负号，第6～10位显示应变值或 K 值（仪器的应变片灵敏度系数）。预热30min，检查每个测量点初始不平衡值，如果该数值稳定时，表示此点连接正确。出现不平衡数值且有大的跳变或显示“E”时，应查明应变片或导线是否断开、短路或其他异常情况，根据具体情况排除故障。

经此检查正确后，按“总清”组合键（“Shift”+“总清/清零”）进行巡检清零。总清零步骤结束后，使用加载机构给被测件加载；加载完成后按“K(A)”巡检键，仪器以约每秒1个测点的速率进行显示，也可通过数字键切换显示各测点的数值。

应变测量结束后，记录数据，并进行相关的计算。

五、实验报告要求

（1）实验目的及意义。

（2）简述压痕法测量金属材料残余应力的原理。

（3）绘制出测试试板的标定曲线，并确定相关的标定系数。

（4）简述实验操作过程及步骤。

（5）根据测试数据计算试验材料的残余应力。

（6）分析试验过程中可能出现的误差，提出自己的修正方法。

六、注意事项

（1）测试试板及试样粘贴电阻应变片后应充分干燥，并做电阻应变片短路、断路、绝缘检查。

（2）试验涉及的仪器设备较多，应提前熟悉设备，操作步骤严格按照规范执行。

（3）测量试验过程可能会出现离散数据，注意分析数据产生离散的原因，并做相应的剔除。

实验4　金属磨损实验

一、实验目的

（1）了解磨损实验的基本原理与试验方法及磨损试验机的结构。

（2）掌握用称重法测量金属磨损量的方法。

（3）学会在滑动摩擦条件下的摩擦系数μ的测定方法。

二、实验原理概述

磨损是工程中普遍存在的现象，凡是产生相对摩擦的机件，必然会伴随有磨损现象。从材料本身而言，任何机器在运转时，各机器零件之间总要发生接触和相对运动。当两个相互接触的机件表面做相对运动（滑动、滚动或滑动+滚动）时就会产生摩擦，有摩擦就会有磨损。而磨损是降低机器和工具效率、精确度甚至是使其报废的重要原因，也是造成金属材料损耗和能源消耗的重要原因。但是，影响摩擦与磨损的因素很多，诸如施加压力、运动速度、工件表面质量、润滑剂及材料性能等，所以金属摩擦磨损特性并不是材料固有的，而是摩擦条件与材料性能的综合特性。因此，磨损试验方法就是指试样与对磨的材料之间加上中间介质，在施加一定的压力下，按一定的速度做相对运动，经过一定时间（或摩擦距离）后测量其磨损量，根据磨损量大小来判断材料的耐磨性能，如图4-1所示。若在相同的时间（或距离）内磨损量越大，表明材料的耐磨性能越差。反之，则表明耐磨性越好。

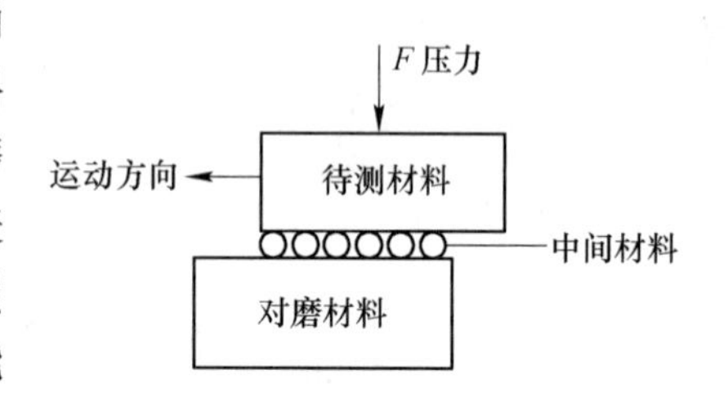

图4-1　磨损试验原理图

材料磨损由两个以上的物体摩擦表面，在法向力的作用下相对运动及有关介质、温度环境的作用使其发生形状、尺寸、组织和性能变化的过程。磨损是造成机械零件失效的主要原因之一，对机械零件的寿命、可靠性有极大的影响。影响磨损过程的因素很多，涉及弹性力学、塑性力学、金属学、表面物理化学以及材料科学等诸多学科。材料磨损按照机理和条件的不同，主要分为四种基本类型：黏着磨损、磨料磨损、接触疲劳磨损和腐蚀磨损。本实验重点是测试黏着磨损。黏着磨损过程一般分三个阶段：磨合磨损阶段、稳定磨损阶段、急剧磨损阶段。

（一）黏着磨损机理与分类

摩擦的两个固体表面虽然经过仔细的抛光，但微观上仍是高低不平的。当两物体接触时，总是只有局部的接触。此时，即使施加较小的载荷，在真实接触面上的局部应力就足以引起塑性变形，使这部分表面上的氧化膜等被挤破，两个物体的金属面直接接触，两接触面的原子就会因原子间的键合作用而产生黏着"冷焊"点。继续滑动又会将接点剪断，随后再形成新的接点，在不断剪断和形成接点的过程中，发生了金属的磨损，磨损量的大小取决于接点处被剪断的位置。

如剪断发生在界面上，则磨损轻微；如磨损发生在界面下，则会使金属从一个表面转移到另一个表面。继续摩擦时，这部分转移物就可能形成磨屑。

1. 按黏着点的强度和破坏位置不同分类

根据黏着点的强度和破坏位置不同，黏着磨损常分为以下几类：

（1）涂抹。黏着点的结合强度大于较软金属的剪切强度，剪切破坏发生在离黏着结合点不远的较软金属的浅表层内，软金属涂抹在硬金属表面，如重载蜗轮副的蜗杆上常见此种磨损。

（2）擦伤。黏着点的结合强度比两基体金属都强，剪切破坏主要发生在软金属的亚表层内，有时硬金属的亚表层也被划伤，转移到硬表面上的黏着点对软金属的表面有犁削作用，如内燃机的铝活塞壁与缸体摩擦常见此现象。

（3）撕脱。黏着点结合强度大于任一基体金属的剪切强度，外加剪应力较高，剪切破坏发生在摩擦副的一方或两方金属较深处，如主轴－轴瓦摩擦副的轴承表面经常可见。

（4）咬死。黏着点结合强度比任一基体强度都高，而且黏着区域大，外加剪应力较低，摩擦副之间的相对运动将被迫停止。

黏着磨损的形式及磨损度虽然不同，但共同的特征是出现材料迁移，以及沿滑动方向形成程度不同的划痕。

2. 按黏着结点的强度和破坏位置不同分类

按照黏着结点的强度和破坏位置不同，黏着磨损有不同的形式：

（1）轻微黏着磨损。当黏结点的强度低于一对摩擦副的材料强度时，剪切发生在界面上，此时虽然摩擦系数增大，但磨损却很小，材料转移也不显著。通常在金属表面有氧化膜、硫化膜或其他涂层时发生这种黏着磨损。

（2）一般黏着磨损。当黏结点的强度高于摩擦副当中较软材料的剪切强度时，破坏将发生在距离结合面不远的软材料表层内，因而软材料转移到硬的材料表面上。这种磨损的摩擦系数与轻微黏着磨损的差不多，但磨损程度加重。

（3）擦伤磨损。当黏结点的强度高于彼此对磨的材料强度时，剪切破坏主要发生在软材料的表层内，有时也发生在较硬的材料表层内。转移到较硬材料一方上的黏着点又使软材料表面出现划痕，所以擦伤主要发生在软材料表面。

（4）胶合磨损。如果黏结点的强度比两对磨的材料剪切强度高得多，而且黏结点面积较大时，剪切破坏发生在对磨的材料基体内。此时，两表面均出现严重磨损，甚至使组成对磨的摩擦副咬死而不能相对滑动。

（二）影响因素

1. 材料特性

配对材料的相溶性越大，黏着倾向就越大，黏着磨损就越大。一般来说，相同金属或互溶性强的材料组成的摩擦副的黏着倾向大，易于发生黏着磨损。异性金属、金属与非金属或互溶性小的材料组成的摩擦副的黏着倾向小，不易发生黏着磨损。多相金属由于金相结构的多元化，比单相金属的黏着倾向小，如铸铁、碳钢比单相奥氏体和不锈钢的抗黏着能力强。脆性材料的抗黏着性能比塑性材料好，这是因为脆性材料的黏着破坏主要是剥落，破坏深度浅，磨屑多呈粉状，而塑性材料黏着破坏多以塑性流动为主，比如铸铁组成的摩擦副的抗黏着磨损能力比退火态的钢所组成的摩擦副要好。

2. 材料微观结构

铁素体组织较软，在其他条件相同的情况下，钢中的铁素体含量越多，耐磨性越差。片状珠光体耐磨性比粒状珠光体好，所以调质钢的耐磨性不如未调质的。珠光体的片间距越小，耐磨性越好。马氏体，特别是高碳马氏体中有较大的淬火应力，脆性较大，对耐磨性不利。低温回火马氏体比淬火马氏体的耐磨性好。贝氏体组织中内应力小，组织均匀，缺陷比马氏体少，热稳定性较高，因而具有优异的耐磨性。多数人认为残余奥氏体在摩擦过程中有加工硬化发生，表面硬度的提高可使耐磨性明显提高。不稳定的残余奥氏体在外力和摩擦热作用下可能转化成马氏体或贝氏体，造成一定的压应力，另外，残余奥氏体有助于改善表面接触状态，并能提高材料的断裂韧性，增加裂纹扩展的阻力，这些对耐磨性均为有利。

3. 载荷及滑动速度

研究表明，对于各种材料，都存在一个临界压力值。当摩擦副的表面压力达到此临界值时，黏着磨损会急剧增大，直至咬死。滑动速度对黏着磨损的影响主要通过温度升高来体现，当滑动速度较低时，轻微的温度升高有助于氧化膜的形成与保持，磨损率也低一些。当达到一定临界速度之后，轻微磨损就会转化成严重磨损，磨损率会突然上升。

4. 表面温度

摩擦过程产生的热量，使表面温度升高，并在接触表层内沿深度方向产生很大的温度梯度。温度的升高会影响摩擦副材料性质、表面膜的性质和润滑剂的性质，温度梯度使接触表层产生热应力，这些都会影响黏着磨损。金属表面的硬度随温度升高而下降，因此温度越高黏着磨损越大。温度梯度产生的热应力使得金属表层更容易出现塑性变形，因而温度梯度越大，磨损也越大。此外，温度升高还会降低润滑油黏度，甚至使润滑油变质，导致润滑膜失效，产生严重的黏着磨损。

5. 环境气氛和表面膜

环境气氛主要通过影响摩擦化学反应来影响黏着磨损。如在环境气氛中有无氧气存在及其压力大小，对黏着磨损都有很大影响，在空气中和真空中同种材料的摩擦系数，可能相差数倍之多。各种表面膜都具有一定的抗黏着磨损作用，润滑油中加入的油性添加剂、耐磨添加剂生成的吸附膜，极压添加剂生成的化学反应膜，以及其他方法生成的硫化物、磷化物、氧化物等表面膜，都能显著提高耐黏着磨损能力。

6. 润滑剂

润滑是减少磨损的重要方式之一。边界膜的强度与润滑剂类型密切相关。当润滑剂是纯矿物油时，在摩擦副表面上形成的是吸附膜。吸附膜强度较低，在一定的温度下会解吸。当润滑油含有油性和耐压抗磨添加剂时，在高温高压条件下会生成高强度的化学反应膜，在很高的温度和压力下才会破裂，因此具有很好的抗黏着磨损效果。

（三）磨损试验装置

磨损试验机种类很多，一般都由加力装置、力矩测量机构及试样的工装夹具装置等部分组成。现以使用较多的M-2000型磨损试验机为例，介绍其结构及操作。

1. 加力装置

利用弹簧施加压力，如图4-2所示。旋转调节螺母，调整加载弹簧的压缩量，就可改变加在上、下试样之间的压力 F。压力大小可从试验机的标尺上看出。加力范围分为两挡：0～300N和300～2000N。试验转速（下试样的转速）也有两挡，即200r/min和400r/min。

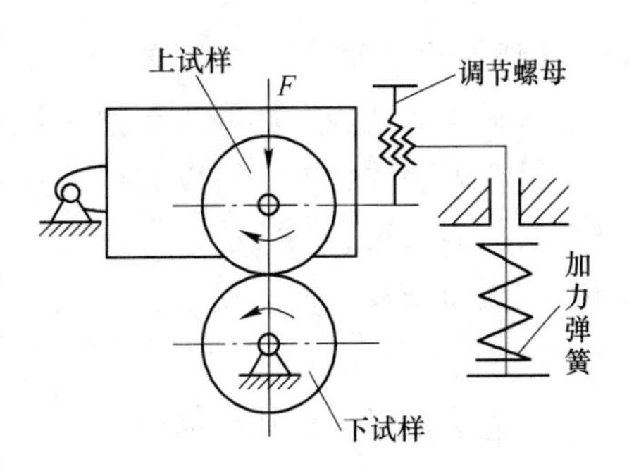

图4-2　M-2000型磨损试验机加力装置示意图

2. 测量摩擦力矩的机构

测量摩擦力矩的机构如图4-3所示。摆架14空套在轴9上，并能绕轴9自由摆动。齿轮8经齿轮10、12和齿轮13带动下试样转动。齿轮10和12的连接轴11穿过摆架14齿，能绕轴9自由转动。试验时，由于上、下试样之间有摩擦力存在，当内齿轮13如图所示顺时针方向转动时，齿轮12在内齿轮13的反作用力驱动下，带动摆架14一起逆时针方向偏转一定角度（如图中虚线位置），直到与重锤1产生的力矩相平衡为止。摆架14通过拨叉2推动拉杆5向左移动，拉杆5的指针4在标尺3上指出摩擦力矩 T 的值，画针6在描绘筒7上绘出摩擦力矩变化曲线。

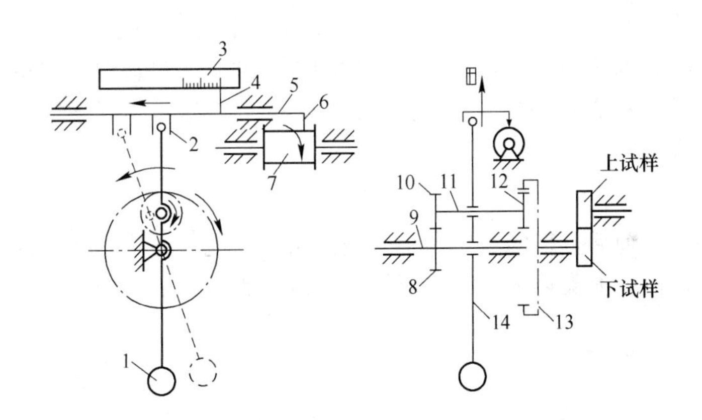

图4-3　M-2000型磨损试验机摩擦力矩测试机构示意图
1—重锤；2—拨叉；3—标尺；4—指针；5—拉杆；6—画针；7—描绘筒；
8，10，12，13—齿轮；9，11—连接轴；14—摆架

滚动摩擦和滑动摩擦系数可分别按式（4-1）和式（4-2）求出：

$$\mu = \frac{T}{RF} \tag{4-1}$$

$$\mu = \frac{T}{RF} \cdot \frac{\alpha + \sin\alpha\cos\alpha}{2\sin\alpha} \tag{4-2}$$

式中　μ——摩擦系数；

T——摩擦力矩，N·m；

R——下试样半径，m；

F——试样所受压力，N；

α——上下试样的接触角。

（四）耐磨性能的评定方法

材料耐磨性能好坏取决于磨损试验中磨损量的多少。在相同磨损条件下，磨损量越大，材料耐磨性越差。所以磨损试验的关键在于如何测出磨损量大小。目前常用方法有：称重法、测长法、磨痕法、压痕法等，其中以称重法应用最多。本试验以称重法测定金属材料在磨损试验中的磨损量。

1. 称重法（也称失重法）

称重法是以试样在磨损试验前后的重量差来表示磨损量（通常以毫克为计算单位）：

$$m = m_0 - m_1 \tag{4-3}$$

式中 m——质量磨损，mg；

m_0——试样磨前质量，mg；

m_1——试样磨后质量，mg。

2. 磨痕法（即切入法）

磨痕法是采用磨痕宽度或磨损体积的大小来表示耐磨性能的方法，。在滑动摩擦情况下，被测试的样品会产生不同宽度的磨痕，通过在显微镜下测量，可得出较精确的磨痕的平均宽度，由此比较材料的耐磨性能。在同一摩擦条件下，测试出的磨痕宽度越宽，表示该材料耐磨性越差。磨痕法的测试适用于一些致密性较差的材料，如铸铁、粉末冶金制品、非金属材料等。因这些材料若用酒精、丙酮等清洗时，材料中孔洞易吸收溶液，不易吹干，用称重法时，易造成误差，甚至出现相反结果。在这种情况下用磨痕宽度来评定其耐磨性好坏则较合适。

3. 测量直径法

采用试样在试验前后直径的变化大小来表示耐磨性能的方法。通过这个方法可以测出长度为单位的磨损值，如果再加以计算便得出以重量为单位的磨损量。

三、实验设备及材料

（一）实验设备及工具

（1）M-2000 型磨损试验机 1 台。

（2）洛氏硬度及布氏硬度计各 1 台。

（3）分析天平（感量为 1/10000）1 台。

（4）装夹用工具一套。

（二）实验用材料及试样

实验用材料及热处理状态的选择，可根据摩擦副材料而定。本试验的上试样可选用 GCr15 钢（或 T8 钢），经淬火和低温回火后硬度约为 HRC60 ~ 62；下试样则可根据现有工艺条件，选用 45 钢淬火或经过表面强化处理（如渗碳、氮化、碳氮共渗、渗硼等）后的试样。

本试验所用试样形状和尺寸，如图 4-4 和图 4-5 所示。磨损试验所用下试样的形状及尺寸与试验机类型有关。M-2000 型磨损试验机所用的下试样形状为圆环形试样，如图 4-4所示。

上试样常用的有以下几种形式：

（1）圆环形试样。其形状和尺寸与下试样一样。图 4-4 和图 4-5 所示为上、下试样对磨示意图。由图可知，它主要用来模拟齿轮对的磨损情况，属于滚动摩擦试验试样。

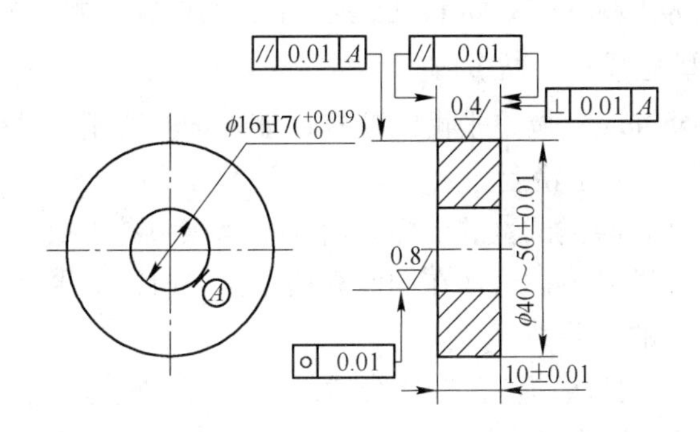

图4-4　M-2000型磨损试验机的下试样

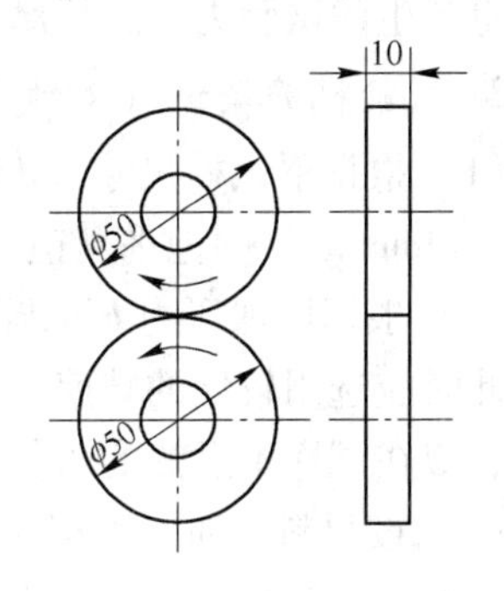

图4-5　圆环形试样对磨示意图

（2）蝶形试样。其形状和尺寸如图4-6所示。它用来模拟滚轴、轴瓦的磨损情况，用于滑动摩擦试验试样。其对磨示意如图4-7所示。本试验使用的上试样是蝶形试样。为滑动摩擦试验。

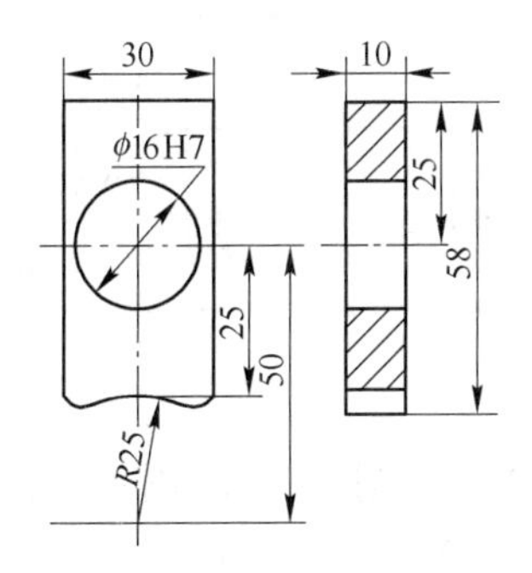

图4-6　蝶形上试样

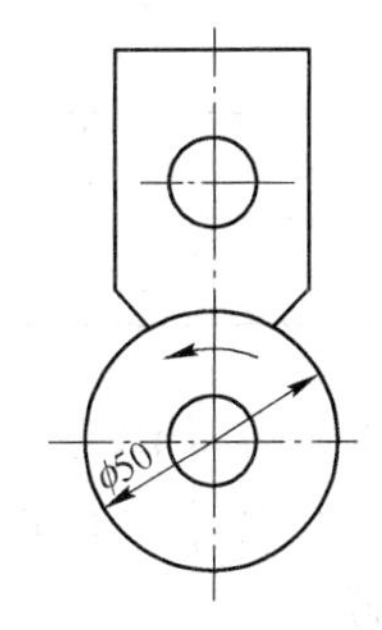

图4-7　蝶形上试样与圆环形下试样对磨示意图

试样在制备时应注意不改变原始材料的组织及力学性能，不应带有磁性，经磨床精磨后，要求退磁。

四、实验内容及步骤

因磨损试验较费时间，在实验过程中每班分3～5个小组共同做出一条磨损曲线，测定在相同磨损时间（30min），不同压力下的$\Delta M-F$关系曲线，如图4-8所示。磨损试验条件：压力：50N、100N、200N、400N；时间：均为30min；转速：200r/min；介质：机油。

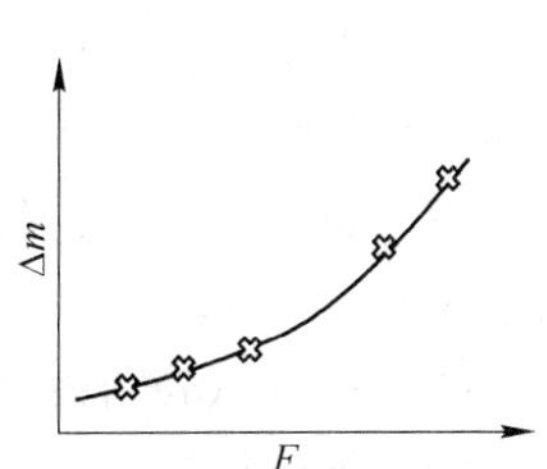

图4-8　磨损曲线

（一）试验前的准备工作

1. 试样的准备

（1）领取试样（上、下试样）。

（2）测定下试样的硬度。凡HRC偏差大于±2者为不合格。

（3）各试样（上、下试样）编号、打上标号。

（4）把已配对好的试样进行磨合试验。建议采用黏度较低的润滑剂，在0.16kN或框架自重产生的试验力下进行磨合，一般为10000~20000r，已达到稳定的试验起始点为宜。

2. 试验机的调试（对于M-2000型磨损试验机）

（1）根据下试样尺寸（ϕ40mm或ϕ50mm）调整平衡锤位置，如本试验所用下试样直径为ϕ40mm时，则把平衡锤移到“40”刻度位置上。

（2）根据所加压力F，调节加载弹簧。磨损试验的试样表面在干摩擦中易于擦伤或黏附，此时应选用较低的转速或施加较小的试验力。试样在润滑介质中试验时，如果磨损量较小，应在试样不过热的条件下施加较大的试验力。

（3）按材料性质及磨损条件（干磨、润滑磨损），选择合适的力矩及配重锤。配重锤有A、B、C、D四块。为了调整不同的摩擦力矩范围，可加上或卸去重锤。表4-1列出每一摩擦力矩范围所需配置的重锤数。

表4-1 摩擦力矩和重锤的配比关系

摩擦力矩范围/Nm	重锤数	重锤标记
1	1	A
5	2	A + B
10	3	A + B + C
15	4	A + B + C + D

（二）磨损试验操作及注意事项

（1）试样应按一定要求进行安装，以使所有试样接触情况基本相同，保证试样所承受的压力基本上一致。

（2）试样安装后，检查压力是否处在“0”点位置。检查方法是转动调节螺母，如图4-2所示，为上下试样刚刚接触上，试样之间无间隙。载荷指针正好指在“0”点位置。若不在“0”点位置，需利用调节螺母重新调整。

（3）按选好的运转速度开机运转。

（4）开机后再开始加载。转动加载弹簧上的螺母加载到规定数值时，开始记录磨损时间。

（5）若是润滑磨损，必须在开机前对试样进行润滑。

（6）磨损试验过程中不应随意停机。尤其在润滑条件下停机或起动时，由于摩擦表面的润滑条件改变，会产生试验误差。

（7）试验过程中，每隔一定时间记录一次摩擦力矩。当摩擦力矩进入稳定状态时，用当时的力矩计算摩擦系数。

（8）磨损试验结束时，应先卸掉载荷，再停机。

（9）取下试样（上、下试样）进行清洗，试验前后均应使用适当的清洗液清洗试样，并保证前后两次的操作方法相同。操作应在通风或保护条件下进行。本次实验采用丙酮或酒精擦洗并吹干，再称试样磨损后的重量。

（10）磨损试验时，一般每一试验条件下试样数量至少要有3~5对。

本实验出于时间关系，每个小组在规定试验条件下只测一对试样的数据。

五、实验报告及其要求

（1）实验目的及磨损机理。

（2）简述磨损试验方法。

（3）试验设备及磨损试样形状和尺寸（附草图）。

（4）磨损试验条件简述，摩擦副材料及硬度、压力、速度、时间及介质。

（5）评定耐磨性的方法及测试仪器。

（6）根据试验数据，做出该材料的 m-F 关系曲线，并计算出相应的摩擦系数。磨损曲线图中必须注明磨损条件。

六、思考题

（1）为什么要进行跑合磨损，它对随后的磨损有何影响？

（2）当摩擦副和润滑条件不变的情况下，摩擦系数应该是恒量还是变量，为什么？

实验5 陶瓷材料抗弯强度的测定

一、实验目的

（1）了解测定陶瓷材料抗弯强度的实际意义。
（2）了解影响陶瓷材料机械强度的各种因素。
（3）掌握工程陶瓷弯曲强度测试的方法、步骤和试样规范。
（4）掌握弯曲强度测试结果数据的处理。

二、实验原理概述

强度（包括抗拉强度、抗压强度和弯曲强度）是陶瓷材料最重要的力学性能。陶瓷材料因脆性大，在拉伸试验时容易在夹持部位断裂，加之夹具与试样轴线不易完全一致，会产生附加弯矩，故测定陶瓷材料的抗拉强度在技术上有相当的难度，目前对结构陶瓷材料的强度常用弯曲强度（又称抗弯强度或抗折强度）来评价。掌握陶瓷弯曲强度的测试方法，对研究结构陶瓷材料成分、工艺、结构、性能的关系十分重要。

陶瓷制品的强度还取决于坯料组成、生产方法、制造工艺的特点（坯料制备、成形、干燥、焙烧条件等）。同一种配方的制品，随着颗粒组成和生产工艺不同，其抗弯强度有时相差很大。同一种配方不同工艺制备的试样（如压制成形的圆柱体试样和压制成形的长方形试样），其抗弯强度是不同的，所以测定时一定要各种条件相同，这样才能进行比较。

本测定方法适应范围为陶瓷材料及匣钵等陶瓷器辅助材料。抗弯强度极限定义为：试样受静弯曲力作用到破坏时的最大应力，用试样破坏时所受弯曲力矩断裂处的断面模数之比来表示。

（一）基本原理

陶瓷的弯曲强度用简支梁法来测定，在简支梁（试样）上侧中部垂直加载，试样上表面受压缩，下表面受拉伸；上、下表面中间部位各受最大压应力和拉应力，中心轴线部位为零。由于陶瓷材料属脆性材料，抗压不抗拉，在下表面中部最大拉应力处先出现裂纹，而裂纹一旦产生，便会迅速失稳扩展导致试样断裂。国家标准 GB/T 4741—1999《陶瓷材料弯曲强度试验方法》规定了，可用三点负荷法测定陶瓷材料室温抗弯强度，将符合规范要求的矩形条状试样放置在专用夹具中，如图5-1所示，把夹具连同试样一起放置在量程适合、可产生规定位移速率的试验机的平台上，以0.5mm/min的位移速率逐渐加载直至试样断裂，记录下断裂载荷 F_K，再按式（5-1）计算弯曲强度，算出的 σ_{b3}：

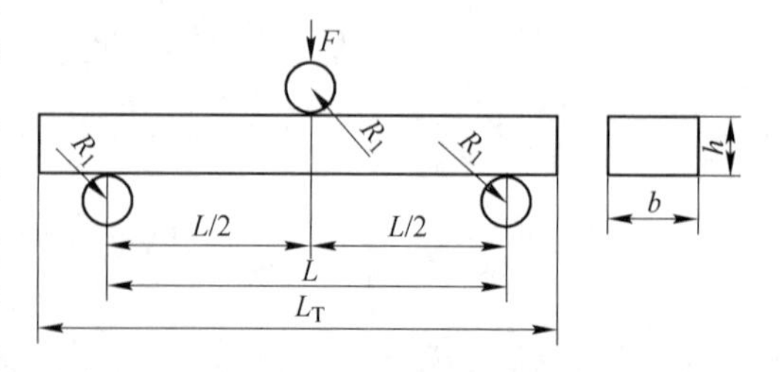

图5-1 抗弯强度简支梁法示意图

三点弯曲：

$$\sigma_{b3}=\frac{3F_K L}{2bh^2} \tag{5-1}$$

式中　F_K——断裂载荷，N；

L——跨距，mm；

b——试样宽度，mm；

h——试样厚度，mm。

优良的高温结构陶瓷材料其强度可保持到较高温度（1000～1200℃）而不下降。在室温条件下陶瓷材料不发生屈服，常在形变量较小（0.01%）的状态下即发生脆性断裂。当温度提高一定程度（约1000℃）时，大部分陶瓷材料由脆性转化为半脆性，断裂前将出现不同程度的塑性变形。

（二）试样及夹具规范要求

1. 试样尺寸及技术要求

按GB/T 6569—2006《精细陶瓷弯曲强度试验方法》要求，试样为矩形截面长条状，$b \times h = 4\text{mm} \times 3\text{mm}$，$L_T \geqslant 36\text{mm}$，如图5-1所示。试样从待测样品上切取或用与待测样品相同工艺条件制成，试样必须加工规整，不允许存在明显缺陷，对除两端面外的四个面需经粗磨、细磨加工，保证达到规定的尺寸公差和形位公差（两对面的平行度、邻面的垂直度）以及表面粗糙度，如图5-2所示，具体规定详见GB/T 6569—2006《精细陶瓷弯曲强度试验方法》。

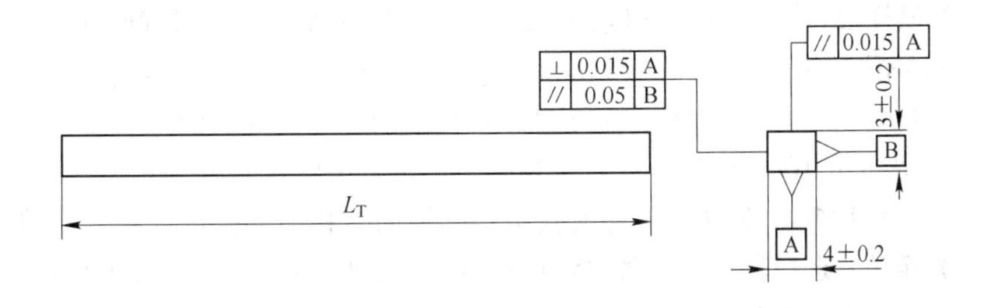

图5-2　试样尺寸示意图

（试样尺寸公差和形位公差，单位为mm；倒角（0.12mm±0.05mm）×45°±5°；或倒圆角（0.15mm±0.05mm）；对于跨距30mm的试验夹具，试样长度≥35mm；对于跨距40mm的试验夹具，试样长度≥45mm。梁试样的横截面的长宽公差为±0.2mm；纵向表面平行度公差为0.015mm）

（1）自然烧结或热处理过的试样：试样的尺寸可能会跟所规定的有差异，但凡与图5-2的规定有偏离的，都应在报告中注明。

（2）试样外表加工可有不同的选择：至少受拉面的两条长边缘应像图5-2那样进行倒角。建议所有的四个长的侧面都要抛光研磨。在各种的情况中，试样的末端表面不需要特殊处理。虽然表面的处理过程不是试验标准的主要部分，但建议对表面的粗糙度进行测量和报告。

（3）自然烧结的试样（无机械加工）：烧结后的试样未经过任何机械加工，此时可以用烧结出的试样直接测试。应在烧结前做表面的研磨。

注：烧结后试样特别容易扭曲和翘曲。可能不符合图5-2中提出的平行度要求，此时应使用全可调的夹具。

（4）常规的加工：采用常规的加工方法时，要求使样品的损伤达到最小（使加工过程导致的表面损伤和残余应力尽可能最小)。试样的受拉面的长边缘应像图5-2中那样进行倒角处理。

(5) 试样的取放：试样应轻拿轻放，以避免在试样加工后引入损伤。试样应被分隔储存，避免彼此碰撞。

(6) 试样的数量：弯曲强度试验的试样不应少于十个。如果要进行一个统计强度分析（如Weibull统计分析），则至少要做30个试样。

注：使用30个以上试样有助于获得可靠的强度分布参数（如Weibull模数)。使用30个试样也有助于检测材料的含缺陷概率。

2. 夹具

跨距 $L=30\text{mm}\pm0.5\text{mm}$，$l=10\text{mm}\pm0.5\text{mm}$（四点法用)；支座及压头 $R_1=2.0\sim5.0\text{mm}$，$R_2=2.0\sim3.0\text{mm}$（四点法用)。

3. 试样数

由于陶瓷材料强度受多种因素的影响，测量数据呈一定的分散性，按GB/T 6569—2006要求，每种特征强度的测定必须由一组试样来确定，每组试样数不少于10个，并将各个试样测得的强度数据进行统计处理（算出平均值和标准偏差)；考虑到试样加工的成本，本实验中每组试样数为6个。

陶瓷材料试样尺寸影响抗弯强度的大小，对同一制品分别采用宽厚比为1∶1、1∶1.5、1∶2三种不同规格的试样进行试验时，宽厚比为1∶1的试样强度最大、分散性较小，因此宽厚比定为1∶1为宜。用与制品生产相同的工艺制作试样时，规定厚度为10mm±1mm，宽度为10mm±1mm，长度视跨距而定。一般跨距有50mm和100mm两种，试样长为70mm和120mm两种。测定陶瓷材料和辅助材料干燥强度时由于强度较低，为便于操作，试样尺寸选择较大些（厚25mm±1mm，宽25mm±1mm，长120mm)。如从制品上切取试条时，则要以制品厚度为基准，横截面宽厚比为1∶1。

三、实验设备与仪器

(1) YDW-10型微机控制电子式抗折试验机。

(2) 螺旋测微计（精度0.01mm）用于测量试样有关尺寸。

(3) 专用的三点弯曲或四点弯曲夹具。

四、试验步骤与操作规程

(1) 将每组试样进行编号，用螺旋测微计测量各试样中部的宽度 b 和厚度 h，精确至0.01mm，并记录。试样的尺寸测量可以在测试前或测试后。如果试验前测量试样尺寸，应尽可能在接近中点的地方测量；如果试验后测量试样尺寸，应在试样的断裂处或接近断裂处测量试样尺寸。应小心操作避免测量时引入表面损伤。

(2) 把试样放在测试夹具的两根下辊棒中间，将10mm宽的那一面接触辊棒。如果试样只有两个长边被倒角，放试样的时候应确保倒角在受拉面。小心放置试样避免损伤。试样两端应伸出支撑辊棒的接触点大约相等的距离，前后距离误差小于0.1mm。

(3) 把夹具下半部放在YDW-10型微机控制电子式抗折试验机中间的平板上，试样放于夹具支座上，受拉的抛光面向下，并使两端露出长度相等；安好夹具的上半部压于试样上。

（4）连接电源，打开测控箱电源开关，预热10min。

（5）根据电脑界面上的显示进行各项参数设定进行试验参数设定；测试时，预压力不应大于强度预期值的10%。检查试样和所有辊棒的线接触情况以保证一个连续的线性载荷。如果加载曲线不是连续均匀的，则卸载，并按要求调节夹具以达到连续均匀的加载。

（6）必要的时候加载过程中可沿着辊棒画线来对试样做标记，以确定中间的辊棒（三点弯曲）的位置是否变化。同时也可以判断断裂后残片的受压面或受拉面。画线可使用比较软的绘图铅笔或标签笔。

（7）在试样的周围放一些棉、纱、泡沫或其他材料，防止试样在断裂时飞出碎片。这些材料不应影响加载结构或夹具调节以及辊棒的运动。这样的做法能避免不必要的二次碎裂，并且能收集第一次断裂时的碎片以便进行断口分析。

（8）将试样装好在试验机的夹具上，点击电脑界面上的“开始试验”运行试验；试验机横梁的速率应为0.5mm/min，假设试验夹具是刚性的，那么断裂的时间通常应在3～30s。

（9）试样破碎后，试验结果在结果显示栏显示，单块试样试验结束；确保试验载荷的均匀性，并记录试样断裂时的最大载荷。记录载荷的精度在±1%或更高。清理碎片并准备试验分析。

（10）按上述方法重复测定下一个试样。如果不是连续试验，继续按照运行试验中的步骤，至全部试验试块做完。

（11）如果是连续试验加载方式，只需试验人员在延时加载时间内，重新装夹好试样，系统自动运行试验设置的试样块数。

（12）实验结束后，点击“退出试验”，会出现下一个界面，点击“确定”关闭系统，待系统关闭后，关闭测控箱电源开关。

五、注意事项

（1）夹具上、下半部分靠导柱导向定位，注意检查导向是否灵活，不能有卡住现象，以免影响载荷的正确显示。

（2）在进行试验时必须记准断裂瞬间的载荷。

（3）压头与夹具刚接触，在开始加载时，由于机械传动部位有间隙存在，测力系统可能没有立即显示或显示值不规则，随着摇柄继续转动，显示值会正常地逐步增大。

（4）爱护试验设备和仪器，并注意保存好测试过的断裂试样，做好标记。

六、实验结果与数据处理

（1）按式（5-1），代入测得的b、h、F_K值和已知的跨距值，计算各个试样的σ_{b3}，有效数字修约到整数位。

（2）将获得的一组强度数据进行统计处理，算出平均值$\overline{\sigma}$和标准偏差S：

$$\overline{\sigma} = \frac{\sum_{i=1}^{n} \sigma_i}{n}$$

$$S = \left[\frac{\sum_{i=1}^{n} (\sigma_i - \overline{\sigma})^2}{n - 1} \right]^{1/2}$$

（3）对异常数据的判别和剔除，可参见 GB/T 6569—2006 国家标准。

七、实验报告要求

（1）实验目的、实验原理。
（2）试样名称、材料类别、试样状态（数量、尺寸等）。
（3）实验操作步骤。
（4）测试结果及数据处理（包含计算公式）。

八、思考题

（1）影响同一种陶瓷材料弯曲强度的主要因素有哪些?
（2）为什么对弯曲强度试样要严格规定机械加工的质量要求（如表面粗糙度以及研磨抛光等）?
（3）测定抗弯强度有何实际意义?
（4）从陶瓷抗弯强度极限的测定中，我们得到什么启示?

实验6　断口分析实验

一、实验目的

（1）了解不同类型断口形貌特征。
（2）掌握裂纹源位置及裂纹扩展方向的判别方法。
（3）掌握宏观断口与微观断口的分析方法。
（4）了解断口显微形貌特征与显微组织的关系。

二、原理概述

金属破断后获得的一对相互匹配的断裂表面及其外观形貌，通称断口。断裂是材料在不同情况下当局部破断（裂纹）发展到临界裂纹尺寸，剩余截面不能再承受外界载荷时发生的完全破断现象。由于材料中的裂纹扩展方向总是遵循最小阻力路线，因此断口一般也是材料中性能最弱或零件中应力最大的部位。断口形貌十分真实地记录了裂纹的起因、扩展和断裂的过程，所以长期以来人们通过断口主要进行下列研究：第一，分析材料组织或缺陷的特征、本质以及对其使用性能的影响，正确判定材料质量；第二，探讨金属构件断裂起因、断裂性质、断裂方式、断裂机制、断裂韧性、断裂过程的应力状态以及裂纹扩展速率等，从而吸取经验教训，避免事故再现；第三，研究金属断裂过程的微观机制，以阐明断裂过程的基本理论。

（一）断口的分类

1. 按断裂性质分类

（1）韧性断口。材料在断裂时有明显的滑移现象。断口粗糙呈纤维状、暗灰色。微观特征是韧窝。如拉伸试样的杯锥状断口是韧性断裂的一种典型断口；杯部较粗糙，呈纤维状，断口中间区域为纤维区，最外一圈为剪切唇，两者之间为放射区，存在向外呈放射状的微裂纹。

（2）脆性断口。材料断裂前不产生明显的宏观塑性变形，断口平齐、呈结晶状，有放射状花纹，多数呈人字形花样，如图6-1所示。脆性断口的微观特征主要是解理断口、准解理断口、冰糖状晶界断口等。

图6-1　放射花样的脆性断口

（3）疲劳断口。由交变载荷引起断裂的断口称为疲劳断口，在工作中断裂的机械零件大多数属于这种断裂类型。

（4）由介质和热的影响而断裂的断口。这类断口如应力腐蚀开裂的断口、氢脆断口、高温蠕变断口。

2. 按断裂途径分类

（1）穿晶断口。穿晶断口示意图，如图6-2(a)所示，裂纹横穿过晶粒内部，图6-3为穿晶裂纹的显微组织图。断口一般光滑、平整。

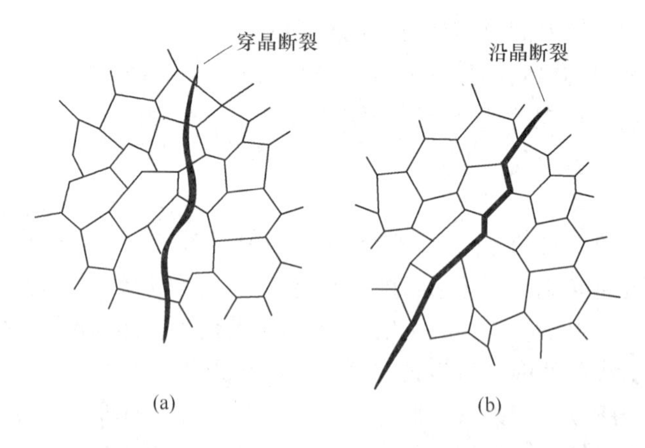

图6-2 穿晶断口和晶界断口示意图

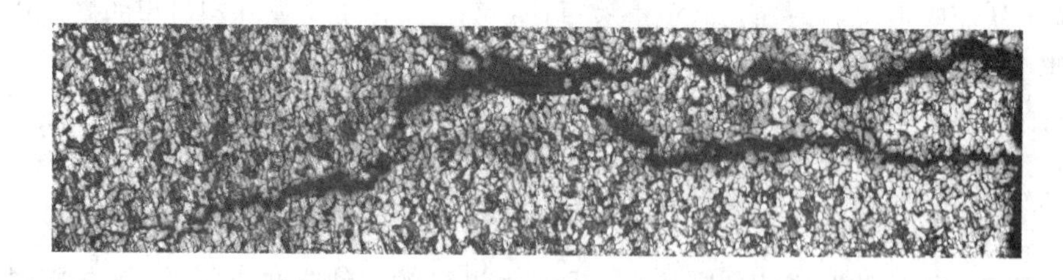

图6-3 穿晶裂纹的显微组织（裂纹端部尖锐）

穿晶断口是大多数合金材料在常温下断裂时的形态。例如，微孔聚集而成的韧窝断口、解理断口、准解理断口、大多数疲劳断口等。

穿晶断口可以是韧性的，如韧窝断口；也可以是脆性的，如解理断口和准解理断口。

（2）沿晶断口。沿晶断口示意如图6-2(b)所示,裂纹沿着晶界扩展,一般断口表面凹凸不平,呈冰糖状。图6-4为裂纹沿晶界扩展的微观形貌。

沿晶断口可分为脆性的和韧性的。沿晶的脆性断口包括回火脆性断口、氢脆断口、应力腐蚀断口、淬裂断口、脆性相在晶界析出而形成的沿晶断口。沿晶的脆性断口微观上多为冰糖状。

沿晶的韧性断口包括由过热引起的沿奥氏体晶界开裂的断口（由均匀的韧窝组成，韧窝中含有硫化锰夹杂物，夹杂物多为球形），以及沿柱状晶粒边界（脆弱面）开裂的断口。

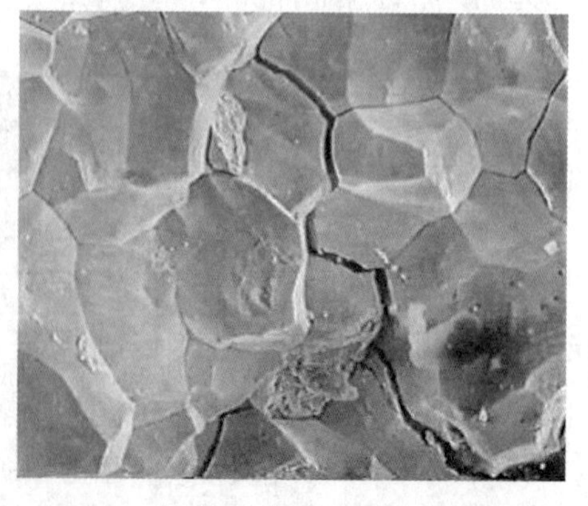

图6-4 裂纹沿晶界扩展SEM图

3. 按断口形貌和材料冶金缺陷性质分类

根据断口宏观形貌特征或断口所显露的冶金缺陷的性质而命名的断口有：纤维状、结晶状、瓷状、萘状、木纹状、石状、白点、黑脆等断口。

（1）纤维状断口（韧性断口）。如图6-5所示，断口呈纤维状、暗灰色，无光泽、无结晶颗粒的均匀纤维状组织。断口边缘常有显著的塑性变形，形成剪切唇，纤维状断口是由微孔聚集形成的韧性断裂，其微观形态是由许多等轴状的或抛物线状韧窝组成。说明金属的塑性和韧性较好，断裂前产生较大的塑性变形。低合金高强度钢、合金结构钢经调质处理可得到纤维状断口。

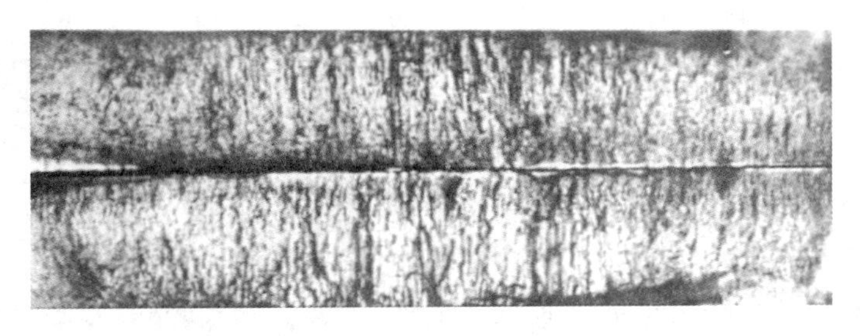

图6-5 纤维状断口

（2）结晶状断口。如图6-6所示，断口齐平，呈亮灰色，有强烈的金属光泽和明显的结晶颗粒，断口周边无明显的剪切唇。结晶状断口的微观形态是具有解理或准解理断口特征的河流花样，即大多数裂纹从晶界开始向晶内扩展，断裂小平面呈扇形或羽毛状。断裂前没有发生明显的塑性变形，表明材料较脆。如钢材晶粒度越大或非马氏体相变产物越多，出现结晶状断口的几率越大。

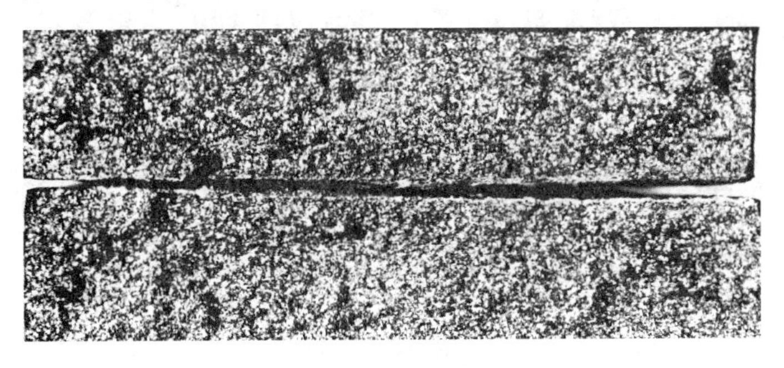

图6-6 结晶状断口

（3）萘状断口。如图6-7所示，萘状断口为较平坦的粗晶断口，断口上呈弱金属光泽的亮点或小平面，用掠射光线照时由于各个晶面位向不同，这些亮点或小平面闪耀着萘晶体般的光泽，是一种粗晶的穿晶断口，萘状断口的微观形态呈短河流状，具有准解理或解理特征，在小的准解理面间多为撕裂岭，有时出现舌状花样，局部有硫化锰沿原始奥氏体晶界或沿奥氏体晶面析出，是一种不允许存在的断口，高速钢萘状断口上还存在韧窝和球形碳化物，是过热淬火的高速钢，未经中间退火或退火不完全而进行重复淬火时，因组织遗传形成萘状断口。

图6-7 萘状断口

(4) 瓷状断口。如图6-8所示，断口致密，有绸缎光泽，呈亮灰色，类似细瓷器破碎后的断口。这种断口表明金属塑性、韧性较差，但强度较高。淬火或淬火低温回火的共析、过共析成分的合金工具钢、轴承钢或某些合金结构钢中出现这种断口，瓷状断口的细致程度与马氏体针的大小有关。

图6-8 瓷状断口

(5) 木纹状断口。如图6-9所示，木纹状断口是在纵向断口上沿着热加工方向呈现为无金属光泽、朽木状或凹凸不平、层次起伏的台阶状条带，条带中常伴有白亮或灰色线条。严重的木纹状断口在调质状态下表现为朽木状。

图6-9 木纹状断口

绝大部分合金结构钢和一些不锈耐热钢都可能产生这种断口，这种断口多分布在钢锭尾部的偏析区内，是非金属夹杂物大量聚集与钢锭单向热加工所致。

(6) 石状断口。如图6-10所示，石状断口是在断口上呈现为浅灰色、无金属光泽、有棱角、类似碎石状的粗晶粒组织。多分布在钢材外层和棱角处，轻微时只有少数几个，严重时布满整个断口表面，石状断口具有沿晶的韧性断裂特征，在扫描电镜下呈现大小较均匀的韧窝，韧窝中存在以硫化锰为主的夹杂物，是一种沿晶断裂。石状断口是由钢过热或过烧所造成，石状颗粒尺寸相当于高温加热时的奥氏体晶粒尺寸。

钢的过热机理指出，在热加工前，当加热温度超过其过热温度时，钢中硫化锰夹杂物

图6-10　石状断口

溶解，随后在冷却时以非常细小的硫化锰夹杂物的形式，优先析出在高温晶界上，从而削弱了这种晶界的结合力；因此，在淬火或调质处理之后折断时，硫化锰夹杂物便沿晶界优先开裂形成石状断口。当加热温度再高时可能发生过烧，这时奥氏体晶界实际已经开始熔化，硫和磷元素又向晶界偏析，在随后冷却时除有硫化锰析出外，还有磷化铁薄片析出。

（7）白点断口。如图6-11所示，在纵向断口截面上，根据位向不同呈圆形或椭圆形的银白色斑点，个别的呈鸭嘴形或椭圆形的银白色斑点，还有的呈鸭嘴形裂口。白点的尺寸从几毫米到几十毫米，范围变化较大，一般分布在钢材中心部位，偏析区内。白点断口的微观形态与钢种和热处理状态密切相关。调质状态合金结构钢与低合金高强度钢的白点多呈浮云状、波纹状；热轧状态多呈碎条状、准解理羽毛状；退火状态工具钢的白点为波纹状；高碳钢多出现沿晶界断裂白点，低碳钢则多为穿晶断裂白点。在白点和基体之间一般均有一条韧窝带。白点是钢材内部的一种缺陷。

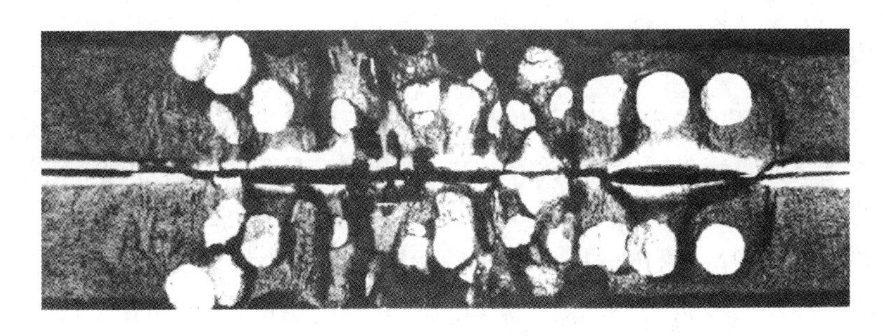

图6-11　白点断口

（8）黑脆断口。如图6-12所示，黑脆断口是在局部或全部呈现黑灰色且严重时可看到石墨颗粒。一般多出现在钢材中心区，有时也出现在边缘区，黑脆断口的微观形态是沿晶脆断，晶界上布满析出的游离石墨颗粒。光学显微镜下石墨呈现为团絮状，沿晶界析出，在其周围组织有贫碳现象。

（二）断口的保护及处理

为了研究断裂的原因，要求断口表面保持断裂瞬时的真实状态，否则会引起分析上的困难。为此，保护断口，不让它受损变质，特别不能使断口面受冲击或磨损。保护断口要

图6-12 黑脆断口

按照既不增加外来物也不使断口上原有的东西失掉的原则。所以，断裂的新鲜断口应立即进行观察分析或立即放在干燥器里，以免断口受潮，氧化变质。

由于扫描电镜观察的断口试样，一般都要进行切割。切割之前，一定要采取措施将断口表面保护起来，通常采用两种方法：第一，用5%的火棉胶醋酸异戊脂溶液均匀地涂在断口表面上，干后切割，再泡在醋酸异戊脂溶液里面，使断口上的火棉胶完全溶净，再用丙酮进行清洗，热风吹干后观察。第二，如果断口试样不需使用切片机或线切割机，只用钢锯切割时，就在断口上覆盖一层干净的纸，再用塑料胶纸使其和断口周围表面牢牢地粘住。

如果断口需要清洗，就要注意选择清洗剂。它既不损伤金属的断口表面，又能除去外来玷污。带有油脂或油的断口表面，一般可在丙酮或酒精溶液中进行清洗。如果还嫌不够，可用弱酸（草酸溶液、醋酸溶液、磷酸溶液）或氢氧化钠溶液进行清洗，必要时还可以加热。但是，那些在潮湿空气里放置过久、生锈的断口，已发生化学反应，断口已破坏，清洗后的断口已不是原来真实形貌的断口。

事故分析的断口，在扫描电镜下观察时，多数情况在形貌观察的同时要进行化学成分的分析，这种断口不要随便清洗，以免洗掉重要线索。

三、断口分析

断口分析方法有断口的宏观分析和断口微观分析两种。断口宏观分析是指用肉眼、放大镜或低倍率光学显微镜来研究断口特征的一种方法，是断口分析过程中的第一步，是整个断口分析的基础。运用断口宏观分析，可以确定金属断裂的性质（例如是脆性断裂、韧性断裂还是疲劳断裂）；可以分析金属材料断裂源的位置和裂纹传播的方向；可以判断钢材的冶金质量和热处理质量。但是，断口宏观分析不能见到断口的细节，无法探讨裂纹的形成和扩展机理，这就要靠使用透射电镜或扫描电镜观察断口，即断口的微观分析来达到目的。

在断口的微观分析中，用扫描电镜直接观察断口，研究断裂问题及分析故障将越来越多，这是因为与透射电镜比较，扫描电镜试样制备简单、分辨率高、立体感强，放大倍数可从小到大连续变化。

（一）断口宏观分析

断口宏观分析就是用宏观方法分析断口的形貌特征、断裂源的位置、裂纹扩展方向，以及各种因素（如材料强度、试样或构件的几何形状、试验温度、工作环境、热加工及热处理工艺等）对断口形貌特征的影响。

为了便于对一般失效零件的断口形貌进行分析，这里介绍几种典型断口的特征。

1. 静拉伸试样断口

图6-13和图6-14所示为低碳钢光滑圆试样的静拉伸断口，外观呈杯锥状。断口上呈现三个区域：纤维区 F、放射区 R 及剪切唇区 S，称为断口三要素，裂纹起源于纤维区，经过快速扩展而形成放射区，当裂纹扩展到表面时，形成了属于韧性断裂的剪切唇，最后形成了杯锥状断口。

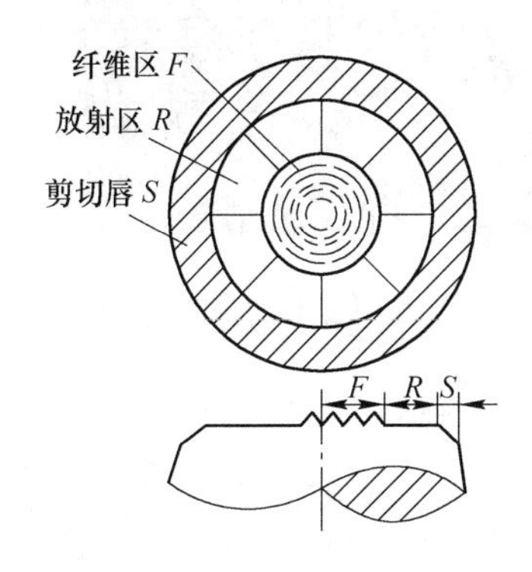

图6-13　光滑圆试样的拉伸断口示意图

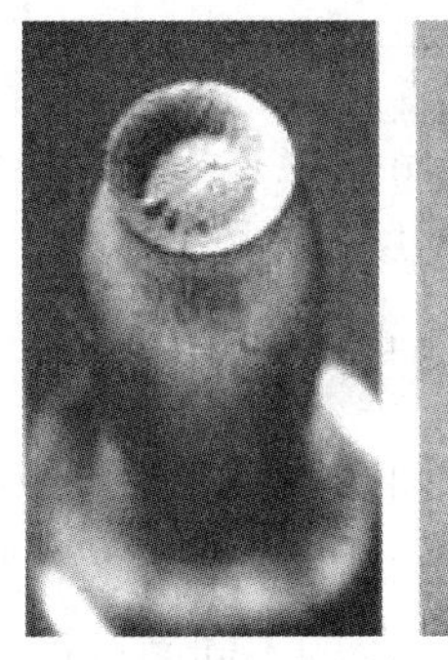
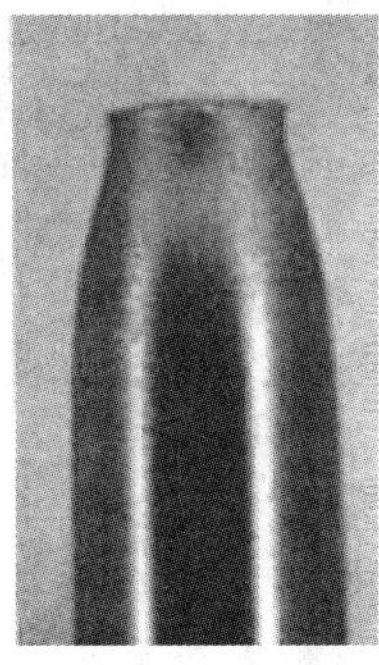

图6-14　光滑圆试样的拉伸断口形貌

纤维区位于断裂的起始处，在断口中央，与主应力垂直，断口上有显微孔洞形成的锯齿状形貌，其底部的晶粒像纤维一样被拉长，故称纤维区。

纤维区（又称裂纹的形核及缓慢生长区）：试样拉伸至颈缩阶段，在最小截面处呈三向拉应力状态，中心的切向和径向应力最大，使该处依靠二相粒子、晶界或有缺陷的地方破裂形成裂纹和微孔，随着应力的增加，微孔不断长大，互相联接，使裂纹继续缓慢长大，并在断口上留下许多变形痕迹，呈粗糙的纤维状。大多数单相合金、普通碳钢和珠光体钢的断口均有此种特征。

放射区（又称裂纹快速扩展区）：当裂纹慢速扩展到某一临界尺寸后就向快速的不稳定扩展转化，快速扩展断口特征呈放射状花样。放射方向与裂纹扩展方向相平行，而垂直于裂纹前沿的轮廓线，并逆指向裂纹源。放射花样是剪切型低能量撕裂的一种标志。这时，材料的宏观塑性变形量很小，表现为脆性断裂。

剪切唇区（又称瞬时断裂区）：这是断裂过程的最后阶段，常形成剪切唇，剪切唇与放射区相毗邻，一般为纤维状，拉伸试样的剪切唇，与拉伸应力轴的交角约为45°形状如杯状，是一种典型剪切断口。

以上三个区所占整个断面的比例，随着加载速度、温度及构件的尺寸而变化。当加载速度降低、温度上升、构件尺寸变小时，都使纤维区和剪切唇区增大。加载速度增大，放射区增大，塑性变形程度减小；构件截面增大时，由于结构上的缺陷几率增多，使得强度降低，塑性指标也下降。

2. 冲击试样断口

对试样进行快速加载就能得到冲击破坏断口，或使用冲击试验机获得，如图6-15和图6-16所示。它同样有三个区域，在缺口处形成裂纹源，然后依次是纤维区、放射区和剪切唇，剪切唇在无切口的其他三侧均有，与它们相接的边呈弧形。与图6-14相比断口没有原则上的差别。

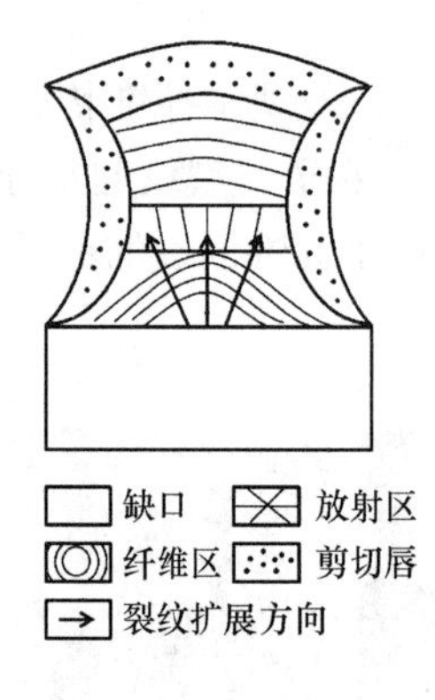

图6-15 冲击试样断口示意图

图6-16 冲击试样断口形貌图

断口上纤维区、放射区、剪切唇三个区域的存在，与材料形状、大小、位置、比例、形态等有关，且随着材料的强度水平、应力状态、尺寸大小、几何形状、内外缺陷及其位置、温度高低、外界环境等的不同而有很大的变化。例如韧性好的材料，纤维区占的面积较大，甚至没有放射区，全是纤维区加剪切唇。而脆性大的材料，放射区增加，纤维区缩小。注意，沿晶断裂和解理断裂的脆性材料断口，甚至不存在纤维区和剪切唇，而且放射区具有与放射花样不同的特征，即呈“结晶状”，或“萘状”，甚至“冰糖状”特征。同一种材料随着温度的降低，纤维区、剪切唇减少，放射区增大。

三个区域还随着材料或构件的几何形状而变化，如裂纹主要沿宽度方向扩展的板材区呈椭圆形，放射区则出现“人字纹”花样。人字纹的尖顶指向纤维区，指向裂纹源。

3. 疲劳断口

疲劳断口的研究十分重要。在全部结构零件的破坏中，疲劳断裂占90%左右。典型的疲劳断口一般有三个区：疲劳源区、疲劳裂纹的扩展区和最后瞬时断裂区，图6-17为疲劳断口示意图。

疲劳源（或疲劳核心）用肉眼或低倍放大镜能大致判断其位置。疲劳源是疲劳破坏的起点，一般总是发生在表面。但如果构件内部存在缺陷，如脆性夹杂物，空洞、化学成分的偏析等，也可在构件皮下或内部发生。它通常被一白亮的圆斑状弧形所包围，形如鱼眼，如图6-18所示。

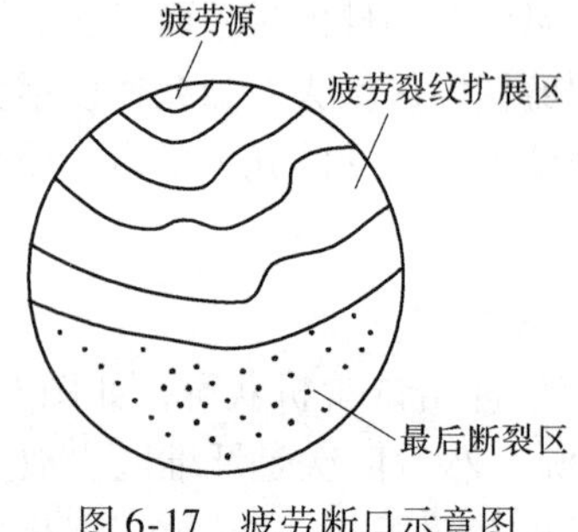

图6-17 疲劳断口示意图

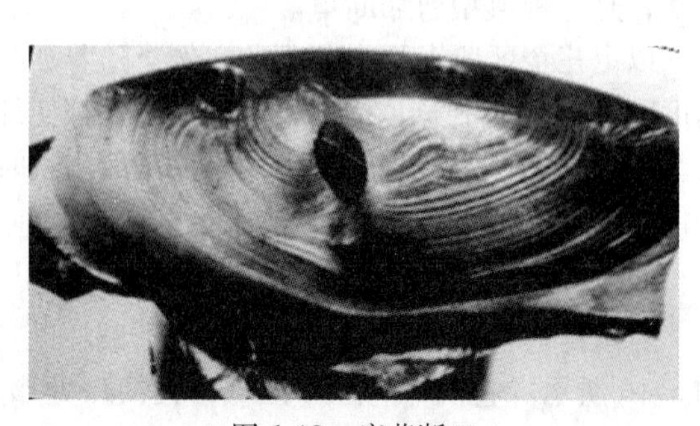

图6-18 疲劳断口

疲劳裂纹扩展区是疲劳断口上最重要的特征区域，常呈贝壳状或海滩波纹状，如图6-18所示。这种像贝纹一样的同心弧线标志着机器开动或停止时，疲劳裂纹扩展过程中所留下的痕迹。断口表面因反复挤压、摩擦，疲劳源的附近光亮得像细瓷一样。疲劳源就位于弧线凹的一方，似弧线的发射中心。弧线垂直于疲劳裂纹扩展方向。

最后瞬时断裂区是疲劳裂纹逐渐达到临界尺寸后发生的快速破断区域，它的特征与静载拉伸断口快速破坏的放射区及剪切唇相同。对塑性材料，此区呈纤维状和剪切唇的韧性断口，对脆性材料，此区为结晶状的脆性断口。

一般说来，瞬时断裂区的面积越大，越靠近中心，则表示工件过载程度越大，相反，面积越小，其位置越靠近边缘，则表示过载程度越小。

综上所述，宏观断口的形貌中纤维区标志着材料延性状态，放射区标志材料脆性断裂状态，断口的弧形迹线标志材料疲劳断裂状态。断口中纤维区越大，材料（或零件）断裂时的塑性越好；反之，放射区增大，则脆性越大。疲劳断口中弧形线区越大，表示材料的临界裂纹尺寸越大，材料抵抗裂纹扩展的能力越强，材料的断裂韧性越好。冲击断口中纤维区越大，材料的冲击韧性越好。

（二）断口的微观分析

在断口宏观分析的基础上，必要时可选好重点区域做断口的微观分析。透射电镜（TEM）用断口表面复制的薄膜进行观察；扫描电镜（SEM）则直接观察实物断口。

从断裂机制来看，电子显微断口分为四类：韧窝（或微坑）断口、解理断口、疲劳断口、结合力弱化的沿晶断口。

1. 韧窝（微坑）断口

当韧性断裂以微孔聚集型进行时，其宏观断口就是常见的杯锥状断口，在电子显微镜下观察主要特征是韧窝（即微坑）。

韧窝实质上是由一些大小不等的圆形或椭圆形的凹坑组成。它是在基体塑性变形基础上，在局部高应变区的晶界、亚晶界、第二相质点的界面处，通过第二相的本身开裂形成微孔；随着应力增加，微孔长大，聚合而形成连续的裂纹，直至发生断裂，最终在断口上留下的痕迹。在多数情况下韧窝底部有夹杂质点。

韧窝的形状决定于应力状态，如果正应力垂直于微孔的平面，使微孔在垂直于正应力的平面上各方向长大的倾向相同，就形成等轴韧窝，如图6-19所示。否则形成抛物线韧窝，如图6-20所示。

韧窝的大小和深浅，决定于材料断裂时微孔核心的数量、材料本身的相对塑性和温度。如果微孔的形核位置很多或材料的相对塑性较差，则断裂时断口上形成的韧窝尺寸较小、较浅。反之，则形成的韧窝尺寸较大、较深，如在大晶粒单相合金或纯金属中，则形成较大、较深的韧窝。

夹杂物或第二相粒子对韧窝的形核具有重要作用。如图6-19(a)所示，在韧窝的底部，第二相粒子或夹杂物与韧窝的位置几乎是一一对应的，说明一个夹杂物就是一个微坑的形核位置，夹杂物越细越多，韧窝就越小越浅，材料的塑性也就越差。

必须注意，微孔聚集型的韧性断裂一定有韧窝存在，但在微观形态上出现韧窝的断口，其宏观上不一定就是韧性断裂。因为宏观上虽然是脆性断裂，但在局部区域内也可能有塑性变形，故在微观上就显出韧窝形态，因此在分析断口时，一定要把宏观和微观结合起来，才能得出正确的判断。

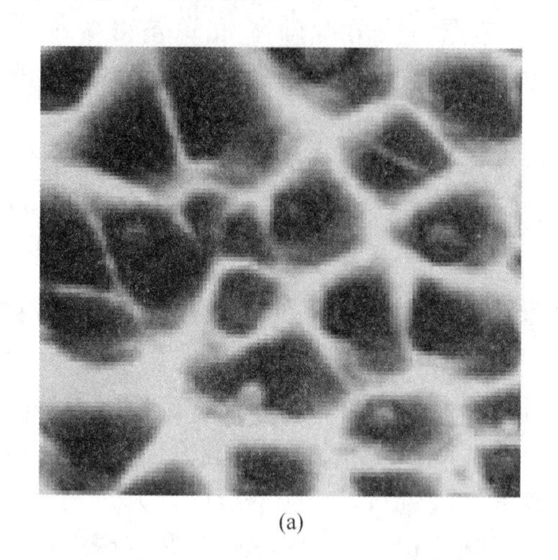
(a)

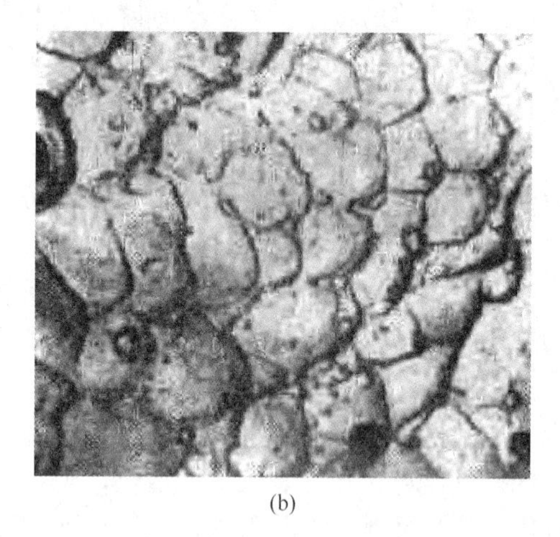
(b)

图 6-19 等轴韧窝
（a）SEM 2000×；（b）TEM 5000×

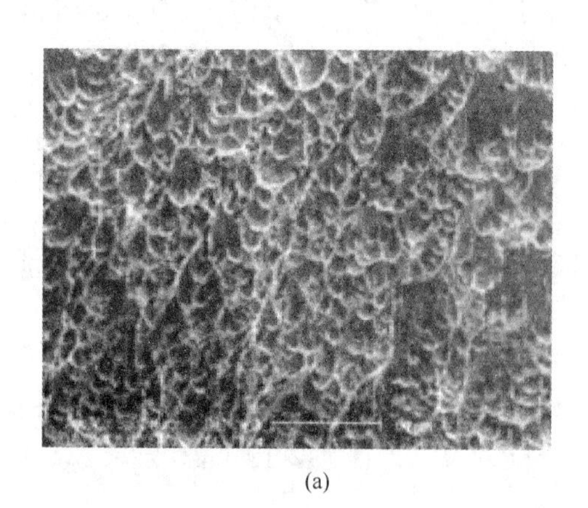
(a)

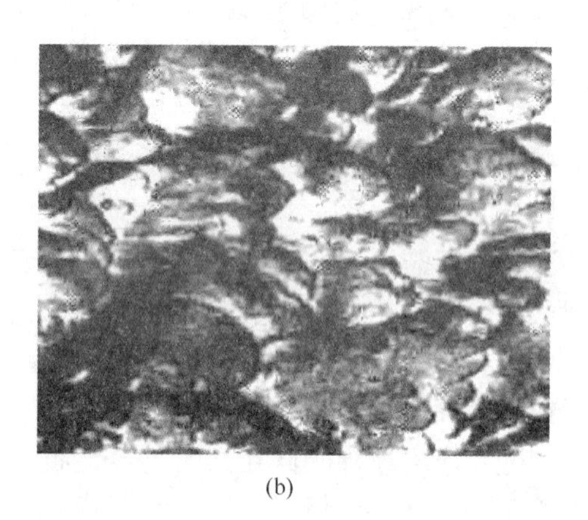
(b)

图 6-20 抛物线韧窝
（a）SEM 500×；（b）TEM 6000×

2. 解理断口

解理断裂形成的断口称为解理断口。解理断裂往往造成灾难性的损坏。诸如船舶、煤气储存罐、天然气输送管道、发电机转子以及飞机大梁等结构，都曾出现过因解理断裂而发生事故的例子。

金属解理断裂是裂纹在正应力作用下沿着一定的低指数面，快速扩展的低能量脆性断裂。这个低指数的结晶学平面称为解理面。例如体心立方的 α-Fe 中的（100）面。它们的面间距较大，原子结合力较小，裂纹扩展的阻力小。

完整晶体的解理断面是平坦而无特征的；上下断面完全吻合。但是实际金属材料一般是多晶体，且存在组织不均匀，如有沉淀相、夹杂物和各种缺陷（位错、晶界等），解理

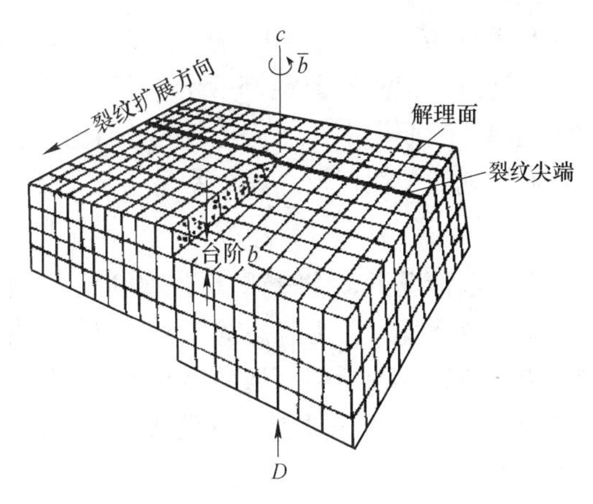

图6-21　解理裂纹与螺型位错交截而形成一个布氏矢量 b 台阶的示意图

裂纹在沿着解理面发展，穿过晶界或各种缺陷时，必须调整方向，这就使得解理断口上出现以下特征：

解理断口最主要的特征是解理台阶汇成的河流花样。解理台阶的形成如图6-21所示，该晶体内存在一个螺形位错，当解理裂纹沿解理面扩展时，与螺位错相截，便产生了相当于高度为一个柏氏矢量的解理台阶。如图6-22所示，这些台阶可以相互结合。异号台阶汇合时，台阶消失，同号台阶汇合时，使台阶高度增加。当其高度达到足够大时，便形成可在电子显微镜下呈现出来的台阶，如图6-23所示。所以在一个晶粒内的解理并不是只沿一个晶面，而是沿一簇相互平行的晶面。这样，不同高度的解理面之间的裂纹相互贯通形成台阶，许多台阶的相互汇合形成河流花样。

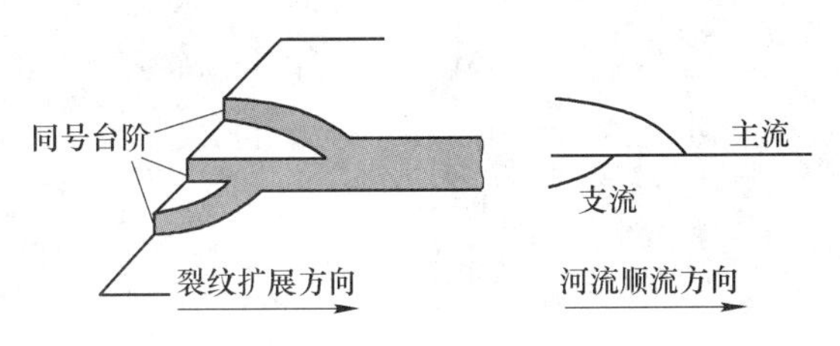

图6-22　河流花样形成示意图

河流花样的流向与裂纹扩展方向一致。河流起源于晶界，裂纹扩展时，这些河流花样倾向于汇合起来，若确定裂纹源的位置就必须从河流相反的方向寻找。

解理断口的另一个典型特征是“舌状”花样，又称解理舌。当材料脆性大、温度低、临界切应力增大时，滑移变形困难，晶体变形就容易以形变孪晶方式进行。由于裂纹尖端附近的形变孪晶发生了次级解理，使裂纹从主解理面局部地转移到形变孪晶的界面上，在断面上遗留下“舌头”状形貌，如图6-24所示。

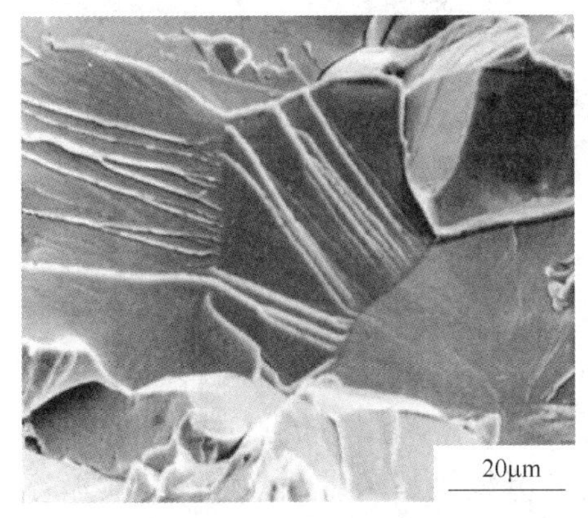

图6-23　河流花样SEM图

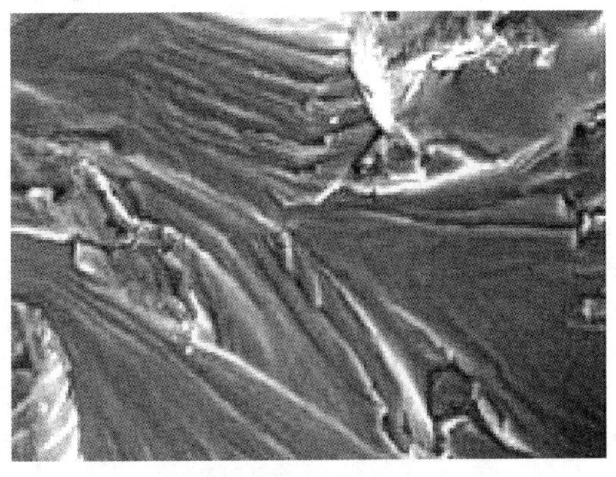
图6-24　解理舌SEM 2000×

3. 准解理断口

典型微观特征如图6-25所示。断面上有自断面中心向四周发散的河流花样，准解理裂纹起源于断面内部，河流比较短小而且弯曲。此外，还能观察到撕裂岭，表明断面上在局部有微观的塑性变形，该处常呈一定的弧度。

4. 沿晶断口

在一般情况下金属材料晶界的键合力高于晶内，因此，晶界是造成强化的因素，但热处理不当或环境、应力状态等因素使晶界弱化成为裂纹扩展的优先通道，金属材料将发生沿晶界分离，这种断裂一般均为脆性断裂，其电子显微形貌为典型的冰糖状花样，如图6-26所示。例如奥氏体镍铬钢的碳化物 $Cr_{23}C_6$ 沿晶界析出引起晶界弱化；降低了晶界的断裂强度。

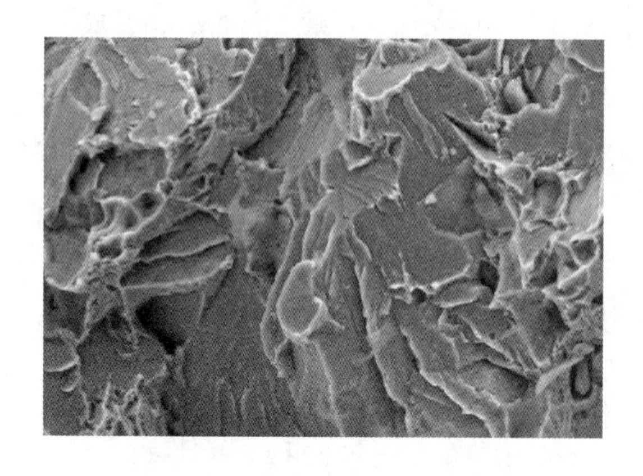

图6-25　准解理断裂形态　2000×

图6-26　沿晶断口SEM图

5. 疲劳断口

零件在交变应力作用下所发生的断裂称为疲劳损坏。转动部件和振动部件易产生疲劳损坏。疲劳断口最主要的微观特征是断口上存在疲劳辉纹，如图6-27所示。疲劳辉纹不等于宏观的贝纹线，贝纹线是机件在宏观应力改变时留下的痕迹。

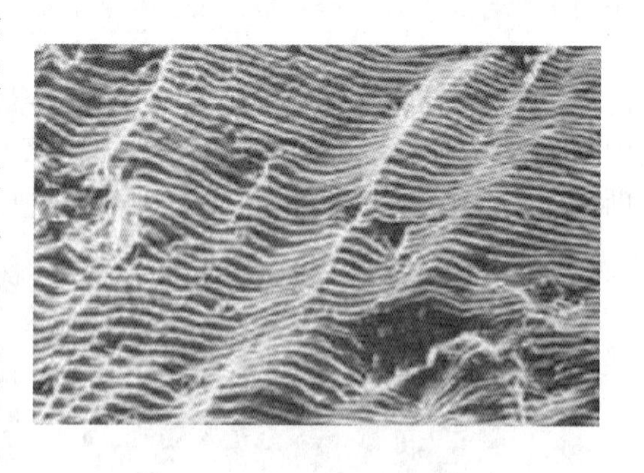

图6-27　疲劳辉纹SEM图

6. 疲劳辉纹的特点

（1）它是一组大致平行而略呈弯曲的条纹，条纹的方向总是与裂纹局部扩展方向垂直。

（2）这些条纹在不同的条件下可能是凸出于断裂面的埂，也可能是凹陷于断裂面内的沟槽。

（3）每一条辉纹代表一次载荷循环中裂纹前进一段距离留下的痕迹，即每一条辉纹对应一次应力循环。因此在断口上一定面积内疲劳辉纹的条带数量应与载荷循环数相等。

（4）辉纹间距随应力振幅增大而增大，交变应力值恒定时，辉纹间距也较恒定。

四、实验设备与材料

（1）SMZ-171-TL连续变倍体视显微镜。
（2）手持式放大镜。
（3）各种类型宏观断口试样，系列微观断口图谱。

五、实验内容与步骤

（1）不同类型断裂试样断口（宏观、微观）特征分析。
（2）不同类型断裂试样裂纹源和裂纹扩展方向的判别与分析。

六、实验报告要求

（1）简述实验目的及意义。
（2）分析试样的断口类型，包括宏观断口及微观断口。
（3）简述韧性断口、脆性断口、疲劳断口的典型微观形貌特征。
（4）分析试样裂纹源和裂纹扩展方向，画出静拉伸试样、冲击试样和疲劳断口的宏观示意图，并标示各区域的名称。

第2章　材料物理性能实验

实验7　材料阻温特性的测定

一、实验目的

（1）理解材料电导率随温度变化的机理。

（2）熟悉材料的阻温特性曲线的测试方法。

（3）熟悉电阻温度系数的计算。

二、原理概述

（一）阻温特性曲线原理

导电材料，尤其是半导体陶瓷材料，其电导率与温度之间有很强的依赖关系，我们常常可以利用这种变化关系，把这类材料应用在不同的领域。因此，弄清材料电导率随温度的变化规律，可为材料的实际应用提供一定的理论基础。

电阻－温度特性常简称为阻温特性曲线，指在规定的电压下，电阻器的零功率电阻值与电阻体温度之间的关系。

零功率电阻值是在某一规定的温度下测量电阻器的电阻值，测量时应保证该电阻的功耗引起的电阻值的变化可以达到忽略的程度。

电阻器的阻温特性曲线一般画在单对数坐标纸上，线性横坐标表示温度，纵坐标表示电阻值的对数，如图7-1所示。

从电阻器的阻温特性曲线可获得所测温度区域，电阻器的最大电阻值，最小电阻值以及电阻温度系数。若是PTCR或NTC半导体材料还可得知电阻值产生突变的温度点，即居里温度点。

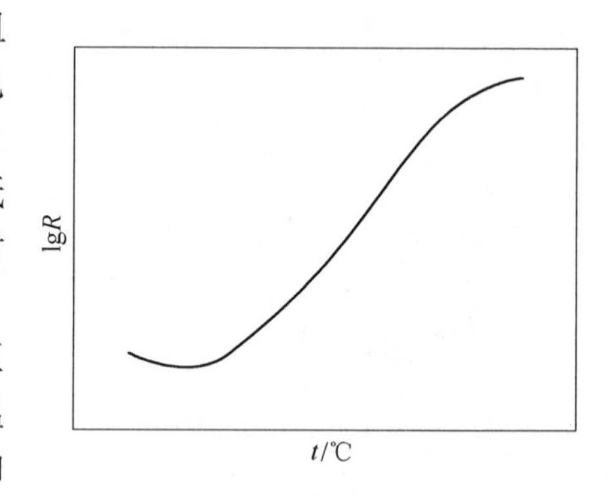

图7-1　阻温特性曲线示意图

（二）测量原理

测量材料的阻温特性曲线采用WRT1型电阻温度特性测定仪进行的，其测量原理电路示意图如图7-2所示。

温度 t 时电阻变化的百分率可用下式表示：

$$\delta_t = (R_t - R_0)/R_0 \times 100\% \tag{7-1}$$

式中　δ_t——温度 t 时的电阻变化百分率；

R_0——室温时的电阻值，Ω；

R_t——温度 t 时的电阻值，Ω。

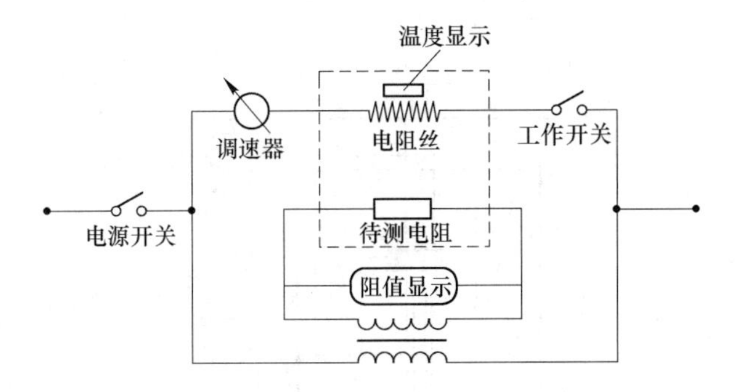

图7-2　阻温曲线测量电路示意图

温度t时电阻变化的平均百分率可用下式表示：

$$\delta_1 = \frac{\delta_t}{t} \tag{7-2}$$

三、实验设备与材料

（1）实验设备：WRT1电阻温度特性测定仪，数字万用表。

（2）镊子、烧杯、软布条等。

（3）试剂：无水乙醇。

（4）实验材料：商品PTCR元件，方形玻璃片。

四、实验内容与步骤

（一）试样的准备

选取平整、均匀、无裂纹、无机械杂质等缺陷的试样原片，PTCR可以直接选用商品元件；测试用的玻璃试样切割切成直径20mm的圆形试样，厚度2mm；或20mm×20mm的方形试样，试样的数量均不少于3个，并用软布条蘸无水乙醇将试样擦干净。

（二）测量环境

我国国家标准所规定常温为20℃±5℃，相对湿度为65℃±5℃。实验环境条件最好能符合标准，至少不与所需条件相差太大。

（三）实验仪器的简介与准备

WRT1型阻温特性测试仪由立式结构的仪器主体、温度控制器、电阻测量部件组成。仪器主体结构如图7-3所示，温度控制器电气原理与温度控制器接线图，如图7-4所示。

将本仪器放置在坚固的工作台上，插好电源。

（四）操作步骤

（1）按温度控制器后面板接线图（图7-4），将温度控制器与仪器主体连接；仪器主体上的上4、下9电极引线接一台数字万用表（电阻挡）。

（2）温度控制器具有手动调压，自动恒温控制功能，升温速率与手动给定电压有关（控制仪表的使用参阅XMT6000仪表说明书）。

（3）准备试样，自制样品尺寸应为ϕ10～16mm，厚度2～3mm，教学实验用样品可用商品PTCR元件。

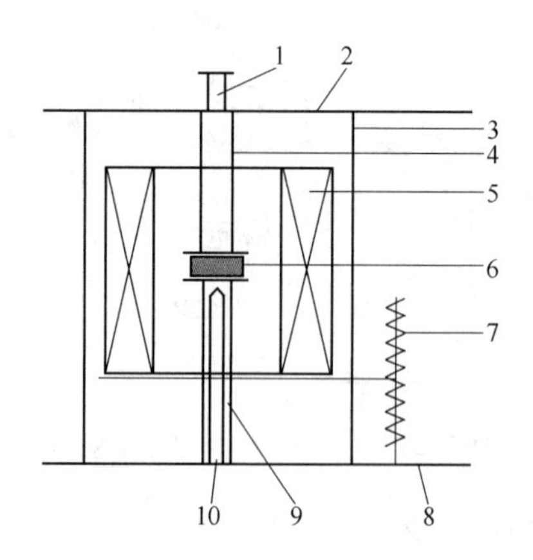

图7-3 WRT1型阻温特性测试仪的主体结构图

1—调压手轮；2—上横梁；3—立柱；4—上电极杆；5—电炉；6—试样；
7—升降机构；8—底座；9—下电极杆；10—热电偶

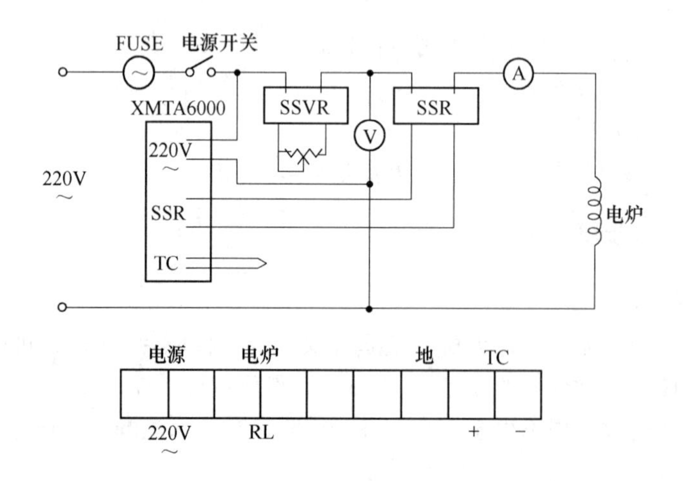

图7-4 温度控制器电气原理图与温度控制器接线图

（4）手摇升降机构7下降电炉，暴露上、下电极。

（5）松开调压手轮1，向上推动上电极杆，将样品放入上、下电极之间，尽量放置在正中心平贴，旋动调压手轮给定适合压力。

（6）手摇升降机构上升电炉约10cm，使样品处于电炉中部温区。

（7）开始测试，先接通仪器电源，手动调节电压约50V（电压大小与升温速率有关），调节数字万用表在电阻挡（选择合适挡位），然后逐点记录温度和电阻值。

从室温开始测，在80℃以前，每隔5℃测一个电阻值；80℃以后，每隔2℃测一个电阻值。

（8）商品PTCR元件在测试过程中，电阻测量挡位首先置于最低端挡，当电阻值达到该挡位的最大值时，迅速将电阻挡位开关调到更高的一挡。测量过程中挡位按顺序调整。

（9）方形玻璃片在测试时，从250℃开始测，每隔2℃记录一次电阻值，测到500℃

为止，电阻测量时首先将挡位调到最高端的200MΩ，当电阻值低于该挡的最小值时，迅速将电阻挡位开关调到更低的一挡。电阻值记录时应注意数字万用表挡位的倍率。

（10）测试结束，关断仪器电源，需待炉温降至室温后卸下试样。

五、数据处理

（一）电阻变化率的计算

按式（7-1）和式（7-2）分别计算温度 t 时电阻变化的百分率和温度 t 时电阻变化的平均百分率。

（二）绘制阻温曲线

根据所得数据在直角毫米坐标纸上绘出“阻温特性曲线”，或用Excel进行作图，电阻值可取对数；并分析试样的最大电阻、最小电阻以及电阻–温度变化的规律。

（三）数据处理举例

1. 数据记录

数据记录见表7-1，这组实验数据有108组，限于篇幅，这里只列出几组数据表示。

表7-1 阻温特性实验数据记录表

温度/℃	27	32	37	42	47	52	57	62	67	72	…
电阻 R/Ω	16.6	16.7	17	17.3	17.1	18.2	18.8	19.5	20.4	21.5	…
lg$R$	1.2201	1.2227	1.2304	1.2380	1.2330	1.2601	1.2742	1.2900	1.3096	1.3324	…

2. 绘制阻温曲线

用实验数据在直角毫米坐标纸上作图，得 t-lg$R$ 关系曲线。用Excel作图结果举例如图7-5所示。

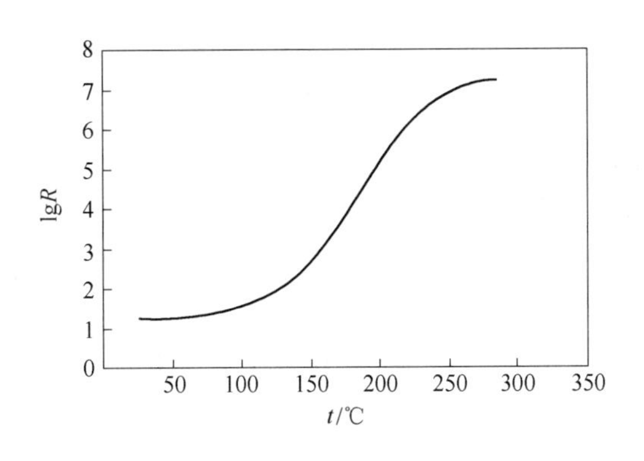

图7-5 t-lg$R$ 关系曲线举例

3. 确定测试材料电阻的最大电阻值、最小电阻值

在Excel中进行查寻，最大电阻为 1.61×10^{7}Ω，最小电阻为16.6Ω。

4. 电阻温度系数的计算举例

对室温至100℃的数据，用Excel作图7-6并进行线性拟合得温度 t 时电阻变化的百分率：

$$\delta_t = R_t/R_0 \times 100\% = 136.5\%$$

温度 t 时电阻变化的平均百分率按下式计算：

$$\delta_1 = \delta_t/\Delta t = 1.3\%$$

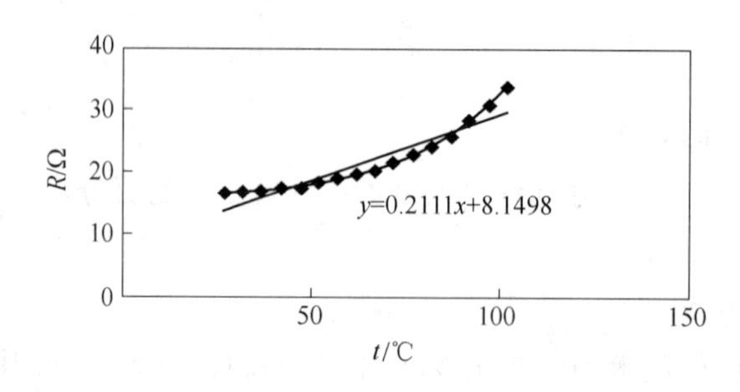

图 7-6 Excel 作图举例

六、实验报告要求

（1）实验目的、意义。

（2）实验原理及操作步骤。

（3）记录实验数据并分别绘制 PTCR 及玻璃试样的 t-lg$R$ 关系曲线。

（4）分别计算 PTCR 及玻璃试样的电阻温度系数。

思考题

（1）测量材料的阻温特性曲线有何实际意义？

（2）测试环境对电阻率的测定有无影响，为什么？

实验8　材料绝缘电阻的测定

一、实验目的

（1）了解绝缘材料的导电机理。

（2）掌握高电阻测试仪测量材料电阻率的基本原理。

（3）掌握常温下用高电阻测试仪及三电极系统测量材料绝缘电阻的方法。

（4）了解影响玻陶材料绝缘电阻的因素。

二、原理概述

材料的导电性质（导电性能的大小）在科学技术上具有极为重要的意义。随着现代科技的不断发展，利用材料的导电性能已制成电阻、电容、导电材料、半导体材料、绝缘材料以及其他电子材料器件，应用范围日益广泛。无机非金属材料一般属于绝缘材料，玻璃陶瓷材料的电性能一般是指它的绝缘电阻、介电常数、介质损耗、电击穿强度、耐电弧性等，而且能耐高温。主要用来使电气元件相互之间绝缘以及元件与地面绝缘。在电器工业中作为绝缘材料时，要求有较小的介电常数和介质损耗，有较大的电阻率。有的还要求耐击穿电压高、抗静压性能好等。如果绝缘构件的绝缘电阻太小，不仅浪费电能，还会因局部过热导致仪器不能正常工作，甚至损害整个仪器。电介质的绝缘电阻是评价电介质材料性能的重要参数。因此，研究和测量材料的导电性能在实际工作中十分重要，测定它的电性能是有很大的实际意义。玻陶材料绝缘电阻在 $10^3 \sim 10^{19}\,\Omega$ 之间。但随着温度升高其电阻率显著下降，在熔融状态下有的绝缘电阻只有 1Ω。

（一）电阻率

1. 绝缘电阻

与试样接触或嵌入试样的两个电极之间的绝缘电阻，是加在电极上的直流电压与施加电压一定时间后电极间总电流之比，称为绝缘电阻。它是由样品的体积电阻和表面电阻两部分组成的，它取决于试样的体积电阻和表面电阻。

2. 体积电阻 R_V 和体积电阻率 ρ_V

体积电阻是在试样两相对表面上放置的两电极间所加直流电压与流过这两个电极之间的稳态电流之商，不包括沿试样表面的电流，在两电极上可能形成极化忽略不计（标准 GB/T 1410—2006 定义）。

体积电阻率定义为在绝缘材料里的直流电场强度和稳态电流密度之商，即单位体积内的体积电阻。体积电阻率的 SI 单位是 Ω · cm。即由 R_V 及电极和试样尺寸，算出 1cm^3 材料，两对面间的电阻称为体积电阻率。

板状试样体积电阻率公式如下：

$$\rho_V = R_x A/h \tag{8-1}$$

式中　ρ_V——体积电阻率，Ω · m 或 Ω · cm；

R_x——测得的体积电阻，Ω（从绝缘电阻测试仪上读出）；

A——被保护电极的有效面积，m^2 或 cm^2；

h——试样的平均厚度，m 或 cm。

3. 表面电阻 R_s 和表面电阻率 ρ_s

在试样的表面上的两电极间所加电压与规定的电化时间里流过两电极间的电流之商，称为表面电阻 R_s（标准 GB/T 1410—2006 定义）。在两电极上可能形成的极化忽略不计。

表面电阻率被定义为在绝缘材料的表面层里的直流电场强度与线电流密度之商，即单位面积内的表面电阻。面积的大小是不重要的。表面电阻率的 SI 单位是 Ω。即由 R_s 及表面上电极（上电极和环电极）尺寸，算出 $1cm^2$ 材料表面所具有的电阻（Ω），称为表面电阻率。

板状试样表面电阻率公式为：

$$\rho_s = R_x P/g \tag{8-2}$$

式中 ρ_s——表面电阻率，Ω；

R_x——测得的表面电阻，Ω（从绝缘电阻测试仪上读出）；

P——特定使用电极装置中被保护电极的有效周长，m 或 cm；

g——两电极之间的距离，m 或 cm。

一般体积电阻率 $\rho_V > 10^9 \Omega \cdot cm$ 的材料都是绝缘材料，实际应用的绝缘材料，其 ρ_V 一般在 $10^9 \sim 10^{21} \Omega \cdot cm$ 范围内。陶瓷材料的体积电阻率 ρ_V 为 $10^{10} \sim 10^{19} \Omega \cdot cm$。

（二）电阻率测量方法

测量高电阻常用的方法是直接法或比较法。

直接法是测量加在试样上的直流电压和流过它的电流（伏安法）而求得未知电阻。

比较法是确定电桥线路中试样未知电阻与电阻器已知电阻之间的比值，或是在固定电压下比较通过这两种电阻的电流。

现在已经有测量高电阻的一些专门的线路和仪器。只要它们有足够的精确度和稳定度，且在需要时能使试样完全短路并在电化前测量电流者，均可使用。

测量温度范围有：

（1）低温段：常温～250℃、100～800℃。

（2）高温段：600～1500℃、1300～2200℃、1800～2300℃。其中大于100℃时，多只测体积电阻率。

本实验是在低温阶段（常温）对玻陶试样施加直流电压。测定其内部或表面的泄漏电流，计算出试样的体积电阻率或表面电阻率。

三、试验设备及材料

（1）LK2679 型绝缘电阻测试仪。

（2）标准三电极测量试验箱。

（3）连接导线若干。

（4）游标卡尺。

（5）试验试样 ϕ100mm 或 ϕ50mm 板状玻璃或陶瓷三块，厚度应小于 3mm ±0.01mm。

四、实验内容及操作步骤

（一）试样和处理

（1）试样采用 ϕ100mm 或 ϕ50mm 板状玻璃或陶瓷三块，厚度应小于 3mm ±0.01mm（取其平均值）。

（2）试样外观：表面应平滑，无裂纹、无气泡和机械杂质等缺陷。

（3）试样的清洁处理：用蘸有溶剂（对试样不起腐蚀作用）的绸布擦洗干净。

（4）试样正常化处理：在一般情况下应在温度 20℃ ±2℃ 和相对湿度 65% ±5% 的条件下处理不小于 16h。

（二）电极材料与尺寸

1. 电极材料及要求

电极材料及要求见表 8-1。

表 8-1　电极材料及要求

电极材料	规格要求	适用范围
铝箔或锡箔	铝箔或锡箔应退火，厚度不超过 0.02mm。用凡士林油或变压器油作为黏结剂	常温下测量作为接触电极
喷银	将试样表面用乙醚、乙醇擦洗干净，涂一层银浆晾干后，在 500℃下保温 30min，升温速度 2℃/min	低温下测量作为接触电极
铂金、银、铜	工作面粗糙度 1.25μm	作上、下电极，环电极

绝缘材料用的电极材料应是一类容易加到试样上、能与试样表面紧密接触、且不至于因电极电阻或对试样的污染而引入很大误差的导电材料。在试验条件下，电极材料应能耐腐蚀。电极应与给定形状和尺寸的合适的背衬电极一同使用。

2. 三电极尺寸

本实验采用国家标准规定的三电极系统，如图 8-1 和图 8-2 所示。

（1）上电极（引线电极）ϕ25mm（喷镀金属）；

（2）下电极 ϕ30mm（喷镀金属）；

（3）保护电极（喷镀金属）内径 30mm，外径 40mm，高 15mm；

（4）电极支架。

国家标准 GB/T 1410—2006《固体绝缘材料体积电阻率和表面电阻率试验方法》对喷镀金属电极有如下规定：可使用能满意地黏合在试样上的喷镀金属。薄的喷镀电极的优点是一旦喷在试样上便可立即使用。这种电极或许是足够疏松的，可允许对试样进行条件处理，但这一特点应被证实。固定的模框可用来制取被保护电极与保护电极之间的间隙。

3. 国家标准三电极屏蔽箱简介

通常测量电阻可用二电极，一个接高压电极，另一个接电流电极就行了，仪器的地线用于屏蔽用，在测量高电阻时要与屏蔽箱的地相接以防干扰。测量低电阻时可以不用。

国家标准 GB/T 1410—2006《固体绝缘材料体积电阻率和表面电阻率试验方法》中推荐一种三电极测量方法。

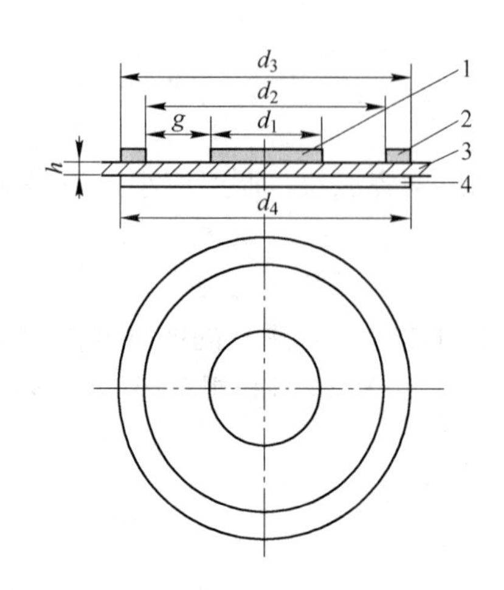

图 8-1　平板试样上电极装置示例

1—被保护电极；2—保护电极；3—试样；4—不保护电极

d_1—被保护电极直径；d_2—保护电极内径；d_3—保护电极外径；

d_4—不保护电极直径；g—电极间隙；h—试样厚度

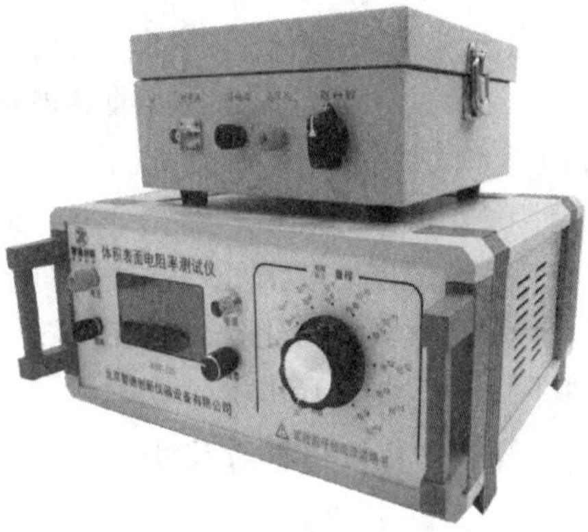

图 8-2　三电极测试系统

它是由三个独立的电极组成：

（1）中心为圆柱体，直径为 50mm，标准中没有规定高度，但一般是 40mm。

（2）圆柱体外为一圆环，圆环内径为 54mm，外径为 74mm，标准中没有规定高度，但一般是 40mm。

（3）底为一平板，直径为 100mm 的圆板。标准中没有规定厚度，但一般为 5mm。

详细资料可参考国家标准 GB/T 1410—2006《固体绝缘材料体积电阻率和表面电阻率试验方法》。

（三）试验操作步骤

1. 国家标准三电极屏蔽箱的接线说明

使用这种三电极测量材料表面电阻或体积电阻，可以按以下方法接线，如图 8-3 所示。

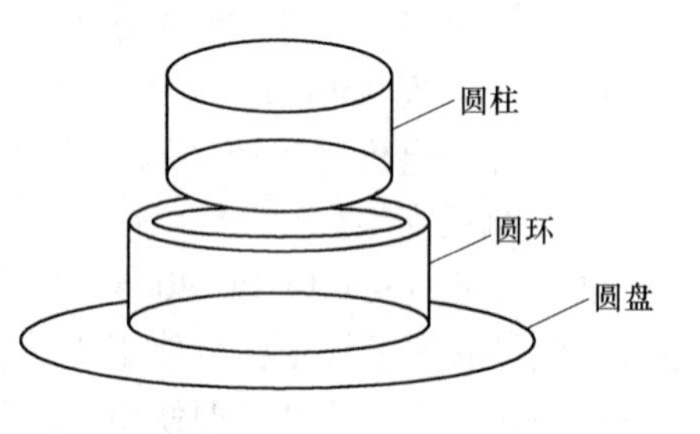

图 8-3　三电极结构示意图

（1）测表面电阻（电流流过被测量物体表面时测得的电阻）：

绝缘电阻测试仪高压输出（红色线）接圆环电极；

绝缘电阻测试仪黑色线接圆柱电极；

绝缘电阻测试仪中间地（屏蔽线）接圆盘电极。

（2）测体积电阻（电流流过被测量物体体内时测得的电阻）：

绝缘电阻测试仪高压输出（红色线）接圆盘电极；

绝缘电阻测试仪黑色线接圆柱电极；

绝缘电阻测试仪中间地（屏蔽线）接圆环电极。

2. 测量用仪器简介

本实验采用 LK2679 型绝缘电阻测试仪，如图 8-4 所示。绝缘电阻测试仪是一种测试电子元件、整机、介质材料等绝缘性能的测量仪器，它具有测试速度快、稳定性好、操作方便等特点，并具有不良判别的功能。

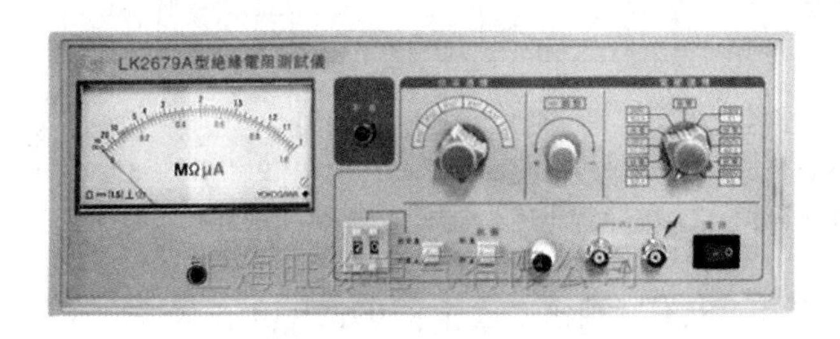

图 8-4　LK2679 型绝缘电阻测试仪面板图

测试仪器 LK2679 型绝缘电阻测试仪技术指标如下：

测试电压：　10 ~ 1000VDC　6 挡

测试范围：　0. 1MΩ ~ 10TΩ

（1） 10V 挡　0. 1MΩ ~ 100GΩ

（2） 50V 挡　0. 5MΩ ~ 500GΩ

（3） 100V 挡　1MΩ ~ 1TΩ

（4） 250V 挡　2. 5MΩ ~ 2. 5TΩ

（5） 500V 挡　5MΩ ~ 5TΩ

（6） 1000V 挡　10MΩ ~ 10TΩ

准确度：

阻抗值 < 10MΩ　± 3% ± 0. 5 格

阻抗值 ≥ 10GΩ　± 6% ± 0. 5 格

阻抗值 > 1TΩ　± 10% ± 0. 5 格

充电时间：

电子整机、介质材料、阻抗元件等充电时间小于 0. 1s；电容器充电时间 0. 5 ~ 10s；

放电状态的选择：

当电压选择波段开关选择放电位置时，即对被测元件进行放电，此时仪器内部通过一个 5W/1kΩ 的电阻进行放电，此时测试端无电压输出。

测试原理图如图 8-5 所示。

由此图看出，试样与绝缘电阻测试仪中的输入电阻 R_0 串联。R_0 上的分压信号经放大后馈送到指示仪表。由指示仪表直接得出电阻值：

$$R_y = U/U_0 \times R_0$$

3. 仪器实验操作步骤

接通电源前的准备工作如下：

（1） 不良指示灯。灯亮时，表示被测元件的绝缘电阻小于预置值，为不良品；灯暗时，表示被测元件的绝缘电阻大于预置值，为合格品。

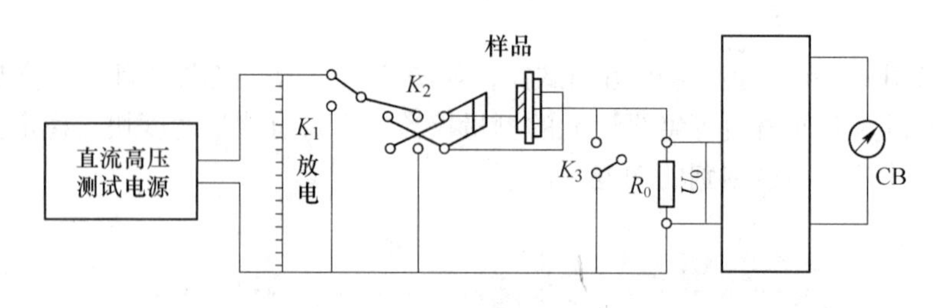

图8-5 测试原理图

K_1—充、放电开关；K_2—测定R_V和R_s的转换开关；K_3—短路开关，控制试样充电时间及信号进入高阻计的时间；R_0—标准电阻；U—测试电压（直流）；U_0—R_0上电压降；CB—指示仪表

（2）倍率选择开关。共有六挡倍率选择$\times 10^0$、$\times 10^1$、$\times 10^2$、$\times 10^3$、$\times 10^4$、$\times 10^5$。

（3）“∞”调节电位器。在调节各倍率量程时，使绝缘电阻表头指针指向“∞”。

（4）电压选择开关。共有11挡，其中6挡选择电压，5挡为放电功能。

（5）预置拨盘。由两位8421码组成，预置不良品之极限，起分选作用。

（6）设置/测量开关。开关为设置时，表头指示值为设置拨盘的设置值；开关为测量时，表头指示值为测量值。

（7）讯响开关。在被测元件的绝缘电阻小于预先设置值时，按下开关有报警声，弹出时可消除报警声。

（8）电压输出端。输出为负高压，接测试连线一端。

实验操作步骤如下：

（1）将电压挡位开关置于相应的电压挡上时，此时的测试夹具已带上相应的电压，以免触电。

（2）预置拨盘设置为2.0，电压选择最低挡，倍率选择$\times 10^2$挡，按下“设置/测量”开关置于“设置”挡位，屏蔽箱开关拨向右边（测量位置）。

（3）设置好拨盘开关的数值，拨盘开关的数值对应于表头的数值，即如设定的数值为2.0，则表头指针的指示也为2.0，但绝缘电阻的下限不为2.0。例如电压选择250V，倍率选择$\times 10^2$，拨盘数值选择为2.0，则下限设定值为$2.0\times 10^2\times 2.5\text{M}\Omega = 500\text{M}\Omega$。

（4）接通电源，表头指针指向2MΩ，此时按下“测量”键，表头指针指向∞时，迅速增大倍率；指针摆向右边，减少倍率。指针稳定1min后读数。在测试电阻时，如发现仪表指针所指的绝缘电阻数值有不断上升的现象，这是由于介质的吸收现象所致。如遇到指针在很长时间内仍未稳定，在一般情况下，可读取仪表上测试开始后1min时的读数，作为试样的体积电阻值。

（5）测试完后，按“设置/测量”键，使其复位到“设置”挡位。

（6）通常情况下，随电压的增加，绝缘电阻向数值减小方向偏移。

（7）读数完毕，将“电压”开关打回到“放电位置”。测试完毕，切断电源。

五、注意事项

（一）测试样品

（1）测定ρ_V时，一般要采用三次平行测定的平均值作为该种陶瓷材料的ρ_V指标，而对于高频陶瓷则要取五个试样的平均值。

（2）做平行测定时，所有试样的制备条件和试样处理条件以及试样厚度等要力求一致。

（3）所有试样在测定时的相对湿度和室温要一致，如果平行测定不是在一天内完成的，则要注意相对湿度和室温的变化。

（4）试样要用清洁的软布蘸以白节油或纯的汽油仔细擦净，然后用蒸馏水冲去试样表面的溶剂，待晾干后方可进行测定。

（二）试验操作

高阻测量一定要严格按使用方法步骤进行，否则有可能造成仪器永久损坏或电人。

（1）测量高电阻时必须注意安全。应在“R_x”两端开路时调零；试样加上高压后，手勿触及电极和“R_x”的高压端，同时也不能触地，否则会引起高压短路。

（2）被测电阻必须与地高绝缘；被测电流端子必须接地。禁止将“R_x”两端短路，以免微电流放大器受大电流冲击。

（3）在测试过程中不要随意改动测量电压，否则可能因电压的过高或电流过大损坏被测试器件或测试仪器，而且有的材料是非线性的，即电压与电流不符合欧姆定律，改变电压时由于电流不是线性变化，所以测量的电阻也会变化。

（4）接通电源后，手指不能触及高压线的金属部分。本仪表有 2 根连线，即高压线（红）和微电流测试线。在使用时要注意高压线，开机后人不能触及高压线，以免电人或麻手。

（5）测试过程中不能触摸微电流测试端，微电流测试端子最怕受到大电流或人体感应电压及静电的冲击。所以在开机后和测试过程中不能与微电流测试端接触，以免损坏仪表。

（6）必须绝缘和屏蔽，在测量高阻时，应采用屏蔽盒将被测物体屏蔽，在测量大于 $10^{10}\Omega$ 以上时，为防止外界干扰而引起读数不稳。测量电极引线的电阻应大于输入端的 100 倍。金属屏蔽良好接地。

（三）影响测量因素

（1）样品的热处理及测量时温湿度。玻陶材料的温度、湿度对电阻率极为敏感。温度每变化 10℃，可影响一倍以上。湿度对玻璃表面电阻影响可达 1～2 个数量级。清洁度也可影响表面电阻的数量级。因此测量前的预处理和测量中的温度、湿度是绝对不能忽视的。

（2）极化电流。直流电压加在样品上后有泄漏电流和极化电流通过样品，泄漏电流为常数；极化电流随时间延长而减少，最后变为零，所以通常采用加压后 1min 读数。

（3）静电荷的影响。很多原因能使样品带上电荷。电阻越大，这种现象越严重，有时测量读数为负值。处理方法是将电极短路，有时需要短路若干小时，以第一次测量数据为准。

六、实验报告要求与记录

（1）写出实验目的及内容。

（2）说明本实验所用设备及仪器的型号与特性。

（3）简述玻陶材料绝缘电阻的测试原理。

（4）将测得 R_V、R_s 值代入前面的公式，分别计算出不同材料的体积电阻率和表面电阻率。

（5）实验数据全部记录在表 8-2。

表 8-2　实验数据记录汇总表

<table>
<tr><td colspan="2" rowspan="3">预处理条件</td><td>温度/℃</td><td colspan="2"></td><td>温度/℃</td><td colspan="3"></td></tr>
<tr><td>相对湿度/%</td><td colspan="2"></td><td>相对湿度/%</td><td colspan="3"></td></tr>
<tr><td>时间/h</td><td colspan="2"></td><td>时间/h</td><td colspan="3"></td></tr>
<tr><td rowspan="2">试样编号</td><td rowspan="2">试样厚度/m</td><td colspan="4">体积电阻率</td><td colspan="4">表面电阻率</td></tr>
<tr><td>电压系数</td><td>倍率</td><td>读数×10^N</td><td>电阻率/Ω</td><td>电压系数</td><td>倍率</td><td>读数×10^N</td><td>电阻率/Ω</td></tr>
<tr><td>1</td><td></td><td></td><td></td><td></td><td></td><td></td><td></td><td></td><td></td></tr>
<tr><td>2</td><td></td><td></td><td></td><td></td><td></td><td></td><td></td><td></td><td></td></tr>
<tr><td>3</td><td></td><td></td><td></td><td></td><td></td><td></td><td></td><td></td><td></td></tr>
<tr><td>4</td><td></td><td></td><td></td><td></td><td></td><td></td><td></td><td></td><td></td></tr>
<tr><td>5</td><td></td><td></td><td></td><td></td><td></td><td></td><td></td><td></td><td></td></tr>
</table>

实验 9　绝缘材料介电常数的测定

一、实验目的

（1）了解介质极化与介电常数、介电损耗的关系。

（2）了解高频 Q 表的工作原理。

（3）掌握室温下用高频 Q 表测定材料介电系数和介电损耗角正切的方法。

二、原理概述

介电特性是电介质材料极其重要的性质。在实际应用中，电介质材料的介电常数和介电损耗是非常重要的参数。例如，制造电容器的材料要求介电常数尽量大而介电损耗尽量小。相反地，制造仪表绝缘机构和其他绝缘器件的材料则要求介电常数和介电损耗都尽量小。而在某些特殊情况下，则要求材料的介质损耗较大。所以，通过测定介电常数（ε）及介质损耗角正切值（$\tan\delta$），可进一步了解影响介质损耗和介电常数的各种因素，为提高材料的性能提供依据，因此，研究材料的介电特性具有重要的实际意义。

（一）材料的介电常数

按照物质的电结构的观点，通常物质的电性能只与电子与原子核有关，其中原子核由带正电的质子和不带电的中子组成。物质都是由不同性的电荷构成，而在电介质中存在原子、分子和离子等。当固体电介质置于电场中后，固有偶极子和感应偶极子会沿电场方向排列，结果使电介质表面产生等量异号的电荷，即整个介质显示出一定的极性，这个过程称为极化。极化过程可分为位移极化、转向极化、空间电荷极化以及热离子极化。对于不同的材料、温度和频率，各种极化过程的影响不同。

1. 材料的相对介电常数（ε）

介电常数是电介质的一个重要性能指标。在绝缘技术中，特别是选择绝缘材料或介质储能材料时，都需要考查电介质的介电常数。此外，由于介电常数取决于极化，而极化又取决于电介质的分子结构和分子运动的形式。所以，通过介电常数随电场强度、频率和温度变化规律的研究，还可以推断绝缘材料的分子结构。

介电常数的一般定义为：某一电介质（如硅酸盐、高分子材料）组成的电容器在一定电压作用下所得到的电容量 C_x 与同样大小的介质为真空的电容器的电容量 C_0 之比值，被称为该电介质材料的相对介电常数。其数学表达式为：

$$\varepsilon = C_x / C_0 \tag{9-1}$$

式中　C_x——电容器两极板充满介质时的电容；

C_0——电容器两极板为真空时的电容；

ε——电容量增加的倍数，即相对介电常数。

从电容等于极板间提供单位电压所需的电量这一概念出发，相对介电常数可理解为表征电容器储能能力程度的物理量。从极化的观点来看，相对介电常数也是表征介质在外电场作用下极化程度的物理量。介电常数的大小表示该介质中空间电荷互相作用减弱的程度。作为高频绝缘材料，相对介电常数 ε 要小，特别是用于高压绝缘时。在制造高电容器时，则要求相对介电常数 ε 要大，特别是小型电容器。

一般来讲，电介质的介电常数不是定值，而是随物质的温度、湿度，外电源频率和电场强度的变化而变化。

2. 材料的介质损耗（$\tan\delta$）

介质损耗是电介质材料基本的物理性质之一。介质损耗是指电介质材料在外电场作用下发热而损耗的那部分能量。在直流电场作用下，介质没有周期性损耗，基本上是稳态电流造成的损耗；在交流电场作用下，介质损耗除了稳态电流损耗外，还有各种交流损耗。由于电场的频繁转向，电介质中的损耗要比直流电场作用时大许多（有时达到几千倍），因此介质损耗通常是指电介质材料的交流损耗。

从电介质极化机理来看，介质损耗包括以下几种：

（1）由交变电场换向而产生的电导损耗；

（2）由结构松弛而造成的松弛损耗；

（3）由网络结构变形而造成的结构损耗；

（4）由共振吸收而造成的共振损耗。

在工程中，常将介质损耗用介质损耗角的正切值 $\tan\delta$ 来表示。$\tan\delta$ 是绝缘体的无效消耗的能量对有效输入的比例，它表示材料在一周期内热功率损耗与储存之比，是衡量材料损耗程度的物理量。

如果把具有损耗的介质电容器等效为电容器与损耗电阻的并联电路，如图 9-1 所示，则可得：

$$\tan\delta = \frac{1}{\omega RC} \tag{9-2}$$

式中 ω——电源角频率；

R——并联等效交流电阻；

C——并联等效交流电容器。

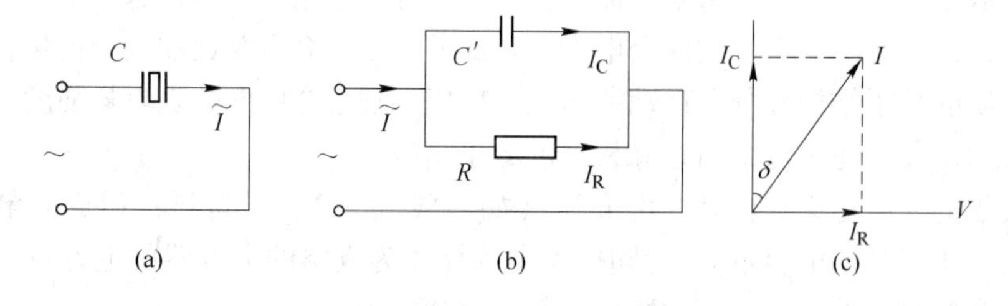

图 9-1 介质损耗的等效电路

凡是体积电阻率小的，其介电损耗就大。介质损耗对于用在高压装置、高频设备，特别是用在高压、高频等地方的材料和器件具有特别重要的意义，介质损耗过大，不仅降低整机的性能，甚至会造成绝缘材料的热击穿。

（二）测量原理、线路及结构特点

通常测量材料介电常数和介电损耗角正切的方法有两种：交流电桥法和 Q 表测量法。其中 Q 表测量法在测量时由于操作与计算比较简便而广泛采用。本实验介绍这种测量方法。

1. Q表测量介电常数和介电损耗角正切的原理

Q表是根据串联谐振原理设计，以谐振电压的比值来定位Q值。

"Q"表示元件或系统的"品质因数"，其物理含义是在一个振荡周期内贮存的能量与损耗的能量之比。对于电抗元件（电感或电容）来说，即在测试频率上呈现的电抗与电阻之比：

$$Q = \frac{X_L}{R} = \frac{\omega L}{R} = \frac{2\pi f L}{R}$$

或

$$Q = \frac{X_C}{R} = \frac{1}{\omega C/R} = \frac{1}{2\pi f C R} \tag{9-3}$$

图9-2所示的串联谐振电路中，所加的信号电压为U_i，频率为f，在发生谐振时，有

$$|X_L| = |X_C| \quad 或 \quad 2\pi f L = \frac{1}{2\pi f C} \tag{9-4}$$

回路中电流

$$i = \frac{U_i}{R} \tag{9-5}$$

故电容两端的电压 $U_C = i|X_C| = \frac{U_i}{R} \cdot \frac{1}{2\pi f C} = U_i Q$

$$Q = \frac{U_C}{U_i} \tag{9-6}$$

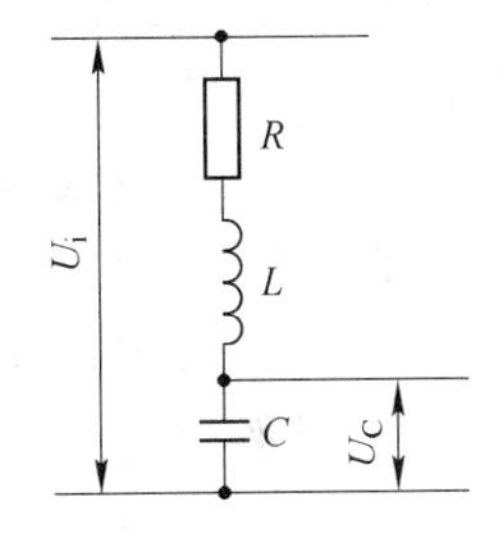

图9-2　Q表测量原理图

即谐振时电容上的电压与输入电压之比为Q。

Q表就是按上述原理设计的。

2. Q表整机工作原理

QBG-3E/F型Q表的工作原理框图如图9-3所示。它以ATM128单片机作为控制核心，实现对各种功能的控制。DDS数字直接合成信号源为Q值测量提供了一个优质的高频信号。信号源输出一路送到程控衰减器和自动稳幅放大控制单元，该单元根据CPU的指令对信号衰减后，送往信号激励放大器；同时对信号检波后送出一直流控制信号到次级控制信号源，实现自动稳幅。信号激励部分输出送到一个宽带分压器，由分压器反馈给测试调谐回路一个恒定幅度的信号。当测试回路处于谐振状态时，在调谐电容C_T两端的信号幅度将是分压器提供的信号幅度Q倍。在C_T两端取得的调谐信号被信号放大单元适当

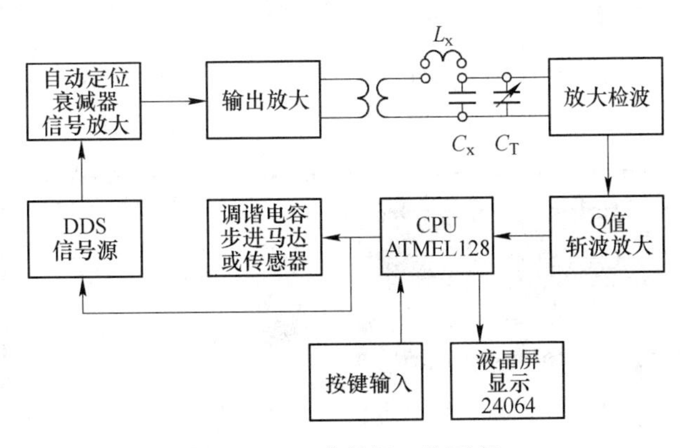

图9-3　Q表整机工作原理

放大后，送到检波和数字取样单元，检波后送到控制中心CPU去进行数据处理。

QBG-3E/F调谐电容带动传感器，不断将电容变化的信息送往中心控制CPU，经处理后计算出电容值，再根据频率值计算出谐振时的频率值。

QBG-3E/F型Q表工作频率值、频段、主调电容器值、谐振电感值、*Q*值、*Q*值比较设置状态、*Q*值量程、手/自动状态、频率或电容搜索指示、*Q*值调谐指示带都显示在液晶屏上，如图9-4所示。

```
F=160.000MHz   CH=4
C=86.9P   L=11.39nH
Q=219.1  100   RANGE   300
auto
```

图9-4 液晶显示屏示意图

整个显示屏上的信息共分为四行：

第一行 左边 信号源频率指示，共6位；

右边 信号源虚拟频段指示（1～4）。

第二行 左边 调谐电容的电容指示值，4位；

右边 电感指示值，4位。

第三行 左边 *Q*值指示值；

右边 *Q*值合格比较状态。

第四行 左边 *Q*值量程，手动/自动切换指示/调谐点自动搜索指示；

右边上部 *Q*值量程范围指示；

右边下部 *Q*值调谐光带指示。

3. 结构特性

各主要功能单元，除了显示部分为了显示方便和调谐测试回路，放大单元为了减小分布参数，安装在面板上外，其余都安装在机内底板上，详见图9-5面板示意图。

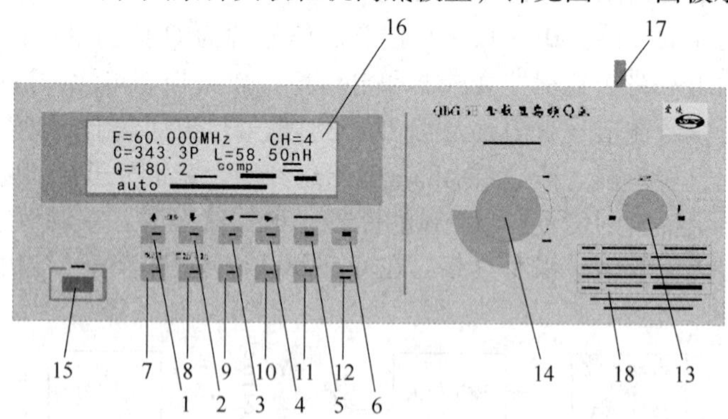

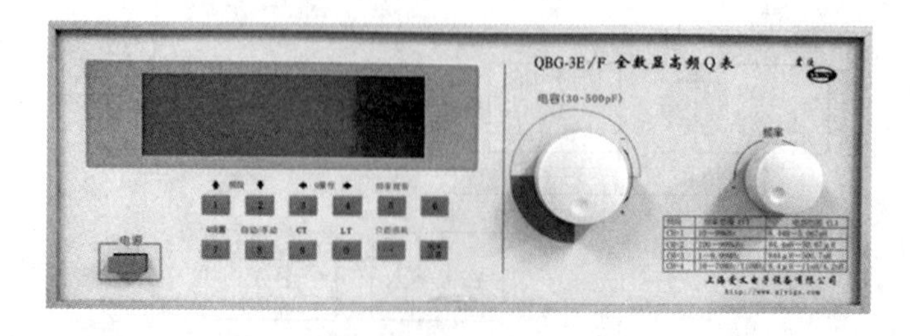

图9-5 QBG-3E/F型Q表前面板和外形图

QBG-3E/F 型 Q 表前面板各功能键（图9-5）说明如下：

（1）工作频段选择/按键1：每按一次，切换至低一个频段工作；先按键12后，再按此键，功能为数字键1。

（2）工作频段选择/按键2：每按一次，切换至高一个频段工作；先按键12后，再按此键，功能为数字键2。

（3）Q 值量程递减（手动方式时有效）/按键3：先按键12后，再按此键，功能为数字键3。

（4）Q 值量程递增（手动方式时有效）/按键4：先按键12后，再按此键，功能为数字键4。

（5）谐振点频率搜索/按键5：按此键显示屏第四行左部出现 SWEEP 时，表示仪器正工作在频率自动搜索被测量器件的谐振点，如需退出搜索，再按此键；先按键12后，再按此键，功能为数字键5。

（6）QBG-3E/F 按键6（先按键12后有效）。

（7）Q 值合格范围比较值设定/按键7：按此键后，显示屏第三行右部出现 COMP 字符，当 Q 合格时，显示 OK，并同时鸣响蜂鸣器；Q 不合格时，显示 NO。设置 Q 值合格范围详细说明见后。先按键12后，再按此键，功能为数字键7。

（8）Q 值量程自动/手动控制方式选择/按键8：按此键后，显示屏第四行左部出现对应的指示 AUTO（自动），MAN（手动）；先按键12后，再按此键，功能为数字键8。

（9）C_t 大电容直接测量/按键9（先按键12后有效）。

（10）L_t 残余电感扣除/按键0（先按键12后有效）。

（11）介质损耗系数测量/小数点按键（先按键12后有效）。

（12）频率/电容设置按键：第一次按下（频率指示数在闪烁）为频率数输入，单位为 MHz。例如，要输入79.5MHz，按一次该键，频率指示数在闪烁，然后输入79.5，再按一下该键完成设置。第二次按下（电容指示数在闪烁）为电容数输入，数字输入要满4位。例如，要输入70.5，按两次该键，电容指示数在闪烁，然后输入0705，有效数后为0的，可以不输入0，直接再按一下该键完成设置。

（13）频率调谐数码开关。

（14）QBG-3E/F 主调电容调谐（长寿命调谐慢转结构）。

（15）电源开关。

（16）液晶显示屏。

（17）测试回路接线柱：QBG-3E/F 左边两个为电感接入端，右边两个为外接电容接入端。

（18）电感测试范围所对应频率范围表。

后面板各功能键说明，如图9-6所示。

三、实验设备及材料

（1）QBG-3E/F 高频 Q 表，S916 测试夹具。

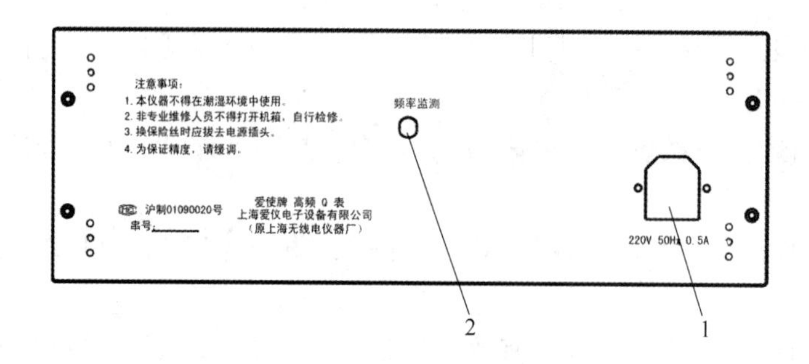

图9-6 Q表后面板示意图

1—~220V电源输入三芯插座，内含保险丝0.5A/220V；
2—信号源工作频率监测输出端（阻抗1kΩ）。

（2）电感组LKI-1电感量2.5μH、100μH各一只。

（3）特种铅笔或导电银浆。

（4）样品为圆形聚四氟乙烯片：厚度2mm±0.05mm，直径为ϕ40mm±0.1mm。

四、实验内容及步骤

（一）介电常数测试方法与步骤

（1）把S916测试夹具装置上的插头插入到主机测试回路的“电容”两个端子上，如图9-7所示。

（2）在主机电感端子上插上和测试频率相适应的高Q值电感线圈（主机配套使用的LKI-1电感组能满足要求），如1MHz时电感取100μH，15MHz时电感取1.5μH。

（3）调节S916测试夹具的测微杆，使S916测试夹具的平板电容极片相接为止，按ZERO清零按键，初始值设置为0。

（4）再松开两片极片，把被测样品夹入平板电容上下极片之间，调节S916测试夹具的测微杆，直到平板电容极片夹住样品为止（注意调节时要用S916测试夹具的测微杆，以免夹得过紧或过松），这时能读取的测试装置液晶显示屏上的数值，既是样品的厚度D_2。改变主机上的主调电容容量（旋转主调电容旋钮改变主调电容的电容量），使主机处于谐振点（Q值最大值）上。

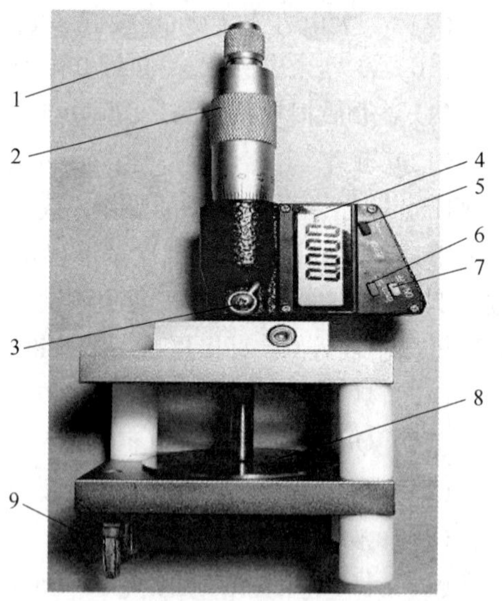

图9-7 S916测试夹具装置图

1—棘轮测力（测微杆）；2—刻线读数装置；3—锁紧装置；4—液晶显示屏（五位数字显示，In：（右上角）英制测量模式，mm：公制测量模式）；5—ZERO清零按键；6—Inch/mm转换按键；7—ON/OFF电源按键；8—平板电容器极片；9—夹具插头

（5）取出S916测试夹具中的样品，这时主机又失去谐振（Q值变小），此时调节S916测试夹具的测微杆，使主机再回到谐振点（Q值

最大值）上，读取测试装置液晶显示屏上的数值记为 D_4。

（6）计算被测样品的介电常数：

$$\varepsilon = D_2/D_4 \tag{9-7}$$

（二）介质损耗测试方法与步骤

分布容量的测量方法如下：

（1）选一个适当的谐振电感接到“L_x”的两端。

（2）将调谐电容器调到最大值左右，令这个电容是 C_3。

（3）按下仪器面板的频率搜索键，使测试回路谐振，谐振时 Q 的读数为 Q_3。

（4）将测试夹具接在“C_x”两端，放入材料，测出材料厚度后取出材料，调回到测出的材料厚度，调节主调电容，使测试电路重新谐振，此时可变电容器值为 C_4，Q 值读数为 Q_4。

机构电容的有效电容为：

$$C_z = C_3 - C_4 \tag{9-8}$$

注：分布电容为机构电容 C_z 和电感分布电容 C_0（参考电感的技术说明）的和。式（9-8）里的 C_0 只是电感的分布电容值，不是主机软件显示的 C_0。

电容器损耗角正切为：

$$\tan\delta = \frac{Q_1 - Q_2}{Q_1 Q_2} \cdot \frac{C_1 + C_z + C_0}{C_1 - C_2} \tag{9-9}$$

（5）把 S916 测试夹具装置上的插头插入到主机测试回路的“电容”两个端子上。

（6）在主机电感端子上插上和测试频率相适应的高 Q 值电感线圈，如 1MHz 时电感取 100μH，15MHz 时电感取 1.5μH。

（7）被测样品要求为圆形，直径 50.4～52mm/38.4～40mm，这是减小因样品边缘泄漏和边缘电场引起的误差的有效办法。样品厚度可在 1～5mm 之间，样品太薄或太厚就会使测试精度下降，样品要尽可能平直。

（8）调节 S916 测试夹具的测微杆，使 S916 测试夹具的平板电容极片相接为止，按 ZERO 清零按键，初始值设置为 0。再松开两片极片，把被测样品夹入两片极片之间，调节 S916 测试夹具的测微杆，直到平板电容极片夹住样品为止（注意调节时要用 S916 测试夹具的测微杆，以免夹得过紧或过松），这时能读取的测试装置液晶显示屏上的数值，即是样品的厚度 D_2，改变主机上的主调电容容量，使主机处于谐振点（Q 值最大值）上，然后按一次主机上的小数点（tanδ）键，在显示屏上原电感显示位置上将显示 C_0 = ×××，记住厚度 D_2 的值。

（9）取出 S916 测试夹具中的样品（保持 S916 测试夹具的平板电容极片之间距不变），这时主机又失去谐振（Q 值变小），再改变主机上的主调电容容量，使主机重新处于谐振点（Q 值最大值）上。

（10）第二次按下主机上的小数点（tanδ）键，显示屏上原 C_2 和 Q_2 显示变化为 C_1 和 Q_1，同时显示介质损耗系数 tn =.×××××，即完成测试。

（11）出错提示，当出现 tn = NO 显示时，说明测试时出现了差错，发生了 $Q_1 \leqslant Q_2$ 和 $C_1 \leqslant C_2$ 的错误情况。

（12）测试结束，关闭电源。

（三）测试注意事项

（1）本仪器应水平安放。

（2）如果你需要较精确地测量，请接通电源后，预热30min。

（3）调节主调电容或主调电容数码开关时，当接近谐振点时请缓慢调节。

（4）被测件和测试电路接线柱间的接线应尽量短，足够粗，并应接触良好、可靠，以减少因接线的电阻和分布参数所带来的测量误差。

（5）被测试件不能直接搁在机盖顶部，离顶部1cm以上，必要时可用低损耗的绝缘材料如聚苯乙烯等做成的衬垫物衬垫。

（6）手不得靠近试件，以免人体感应影响造成测量误差，有屏蔽的试件，屏蔽罩也应连接在低电位端的接线柱。

（7）电极与试样的接触情况，对 $\tan\delta$ 的测试结果有很大影响，因此涂银导电层电极要求接触良好、均匀，而厚度合适。

（8）试样吸湿后，测得的 $\tan\delta$ 值增大，影响测量精度，应当严格避免试样吸潮。

五、结果处理

（一）ε 和 $\tan\delta$ 测定记录

实验数据按表9-1要求填写。

表9-1 实验数据记录表

序　号		1	2	3	4	5
试样厚度						
试样直径						
测试数据	C_1					
	C_2					
	Q_1					
	Q_2					
计算结果	ε					
	$\tan\delta$					
	平均值		$\varepsilon=$		$\tan\delta=$	

（二）计算

根据表格中测得的数据，分别计算各个数值。实验结果以各项试验的算术平均值来表示，取两位有效数字。$\tan\delta$ 的相对误差要求不大于0.0001。

六、实验报告要求

（1）实验目的、意义。

（2）简述高频Q表测试介电常数介电损耗角正切的原理。

（3）实验操作方法及步骤。

（4）完整记录数据并计算 ε、$\tan\delta$ 值。

思考题

（1）测试环境对材料的介电常数和介质损耗角正切值有何影响，为什么？
（2）试样厚度对介电常数的测量有何影响，为什么？
（3）电场频率对极化、介电常数和介质损耗有何影响，为什么？
（4）ε_0、ε_x 和 ε 三者有何差别，它们的物理含义是什么？

附：LKI-1 型电感组包括不同电感量的电感 9 个，各电感的有关数据见表 9-2。

表 9-2　电感的有关数据

电感 No.	电感量	准确度	Q 值	分布电容约略值 /pF	谐振频率范围/MHz		适合介电常数测试频率/MHz
					QBG-3E	AS2853A	
1	0.1μH	±0.05μH	≥180	5	20~70	31~103	50
2	0.5μH	±0.05μH	≥200	5	10~37	14.8~46.6	15
3	2.5μH	±5%	≥200	5	4.6~17.4	6.8~21.4	10
4	10μH	±5%	≥200	6	2.3~8.6	3.4~10.55	5
5	50μH	±5%	≥180	6	1~3.75	1.5~4.55	1.5
6	100μH	±5%	≥200	6	0.75~2.64	1.06~3.20	1
7	1mH	±5%	≥150	8	0.23~0.84	0.34~1.02	0.5
8	5mH	±5%	≥130	8	0.1~0.33	0.148~0.39	0.25
9	10mH	±5%	≥90	8	0.072~0.26	0.107~0.32	0.1

实验10 压电陶瓷材料压电应变常数 d_{33} 的测定

一、实验目的

（1）熟悉压电材料压电效应的基本原理。

（2）了解压电陶瓷材料压电应变参数及计算方法。

（3）掌握压电应变常数 d_{33} 的测试原理和测试技术。

二、原理概述

压电陶瓷材料的压电参数的测量方法甚多，有电测法、声测法、力测法和光测法等，这些方法中以电测法的应用最为普遍。在利用电测法进行测试时，由于压力体对力学状态极为敏感，因此，按照被测样品所处的力学状态，又可划分为动态法、静态法和准静态法等。

压电陶瓷元件在极化后的初始阶段，压电性能要发生一些较明显的变化，随着极化后时间的增长，性能越稳定，而且变化量越来越小。所以，试样应存放一定时间后再进行电性能参数的测试。一般最好存放10天。

（一）静态法

静态法是被测样品处于不发生交变形变的测试方法，主要用于测试压电常数，测试样品上加一定大小和方向的力，根据压电效应，样品将因形变而产生一定的电荷。在没有外电场作用，满足电学短路条件，压电陶瓷试样沿极化方向受力时，其压电方程可简化为：

$$D_3 = d_{33}T_3 \tag{10-1}$$

式中 D_3——电位移分量，C/m^2；

d_{33}——纵向压电应变常数，C/N 或 m/V；

T_3——纵向应力，N/m^2。

当试样受力面积与释放电荷面积相等，并接在试样上的电容 C 远大于试样的自由电容 C^T 时，则式（10-1）又可写成如下形式：

$$d_{33} = Q_3/F_3 = CV/F_3 \tag{10-2}$$

式中 d_{33}——纵向压电应变常数，C/N 或 m/V；

Q_3——试样释放压力后所产生的电荷量，C；

F_3——试样在测量时所受的力，N；

C——并联电容，F；

V——静电计所测得的电压，V。

静态法的测量装置如图10-1所示，线路中的电容 C 的作用是为了使样品所产生的电荷都能释放到电容上。因此，要求电容 C 越大越好，一般选择的为样品电容的几十到一百倍的低损耗电容。

测量时，为了避免施加力 F_3 时，会有附加冲击力而引起测量误差，一般加压时会合上电键 K_1，使样品短路而清除加压所产生的电荷。去压时先打开电键 K_1，使样品上所产生的电荷全部释放到电容上，用静电计测其电压 V_3（单位为V），用式（10-3）和式

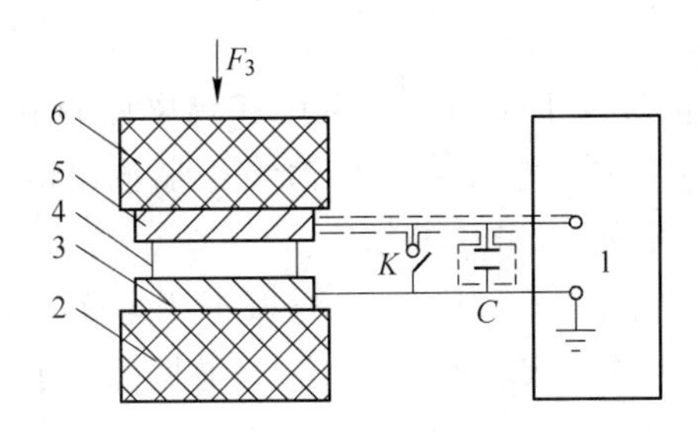

图 10-1　静态法测量压电常数装置图

1—静电计；2,6—加压装置的绝缘座；3,5—加压装置的上下引出电极；4—试样；
C—并联电容器；K—短路开关；F_3—施加于试样的力

（10-4）求出：

$$Q_3 = (C_0 + C_1)V_3 \tag{10-3}$$

$$d_{33} = \left(\frac{C_0 + C_1}{F_3}\right)V_3 \tag{10-4}$$

式中　C_0——样品的静电容，F；

C_1——外加并联电容，F；

V_3——电压，V。

（二）动态法

压电陶瓷材料的大部分参数都可以通过测量频率 F_s 和 f_a 来确定。生产上都采用动态法中的传输法。图 10-2 给出了一种简单的测量线路。

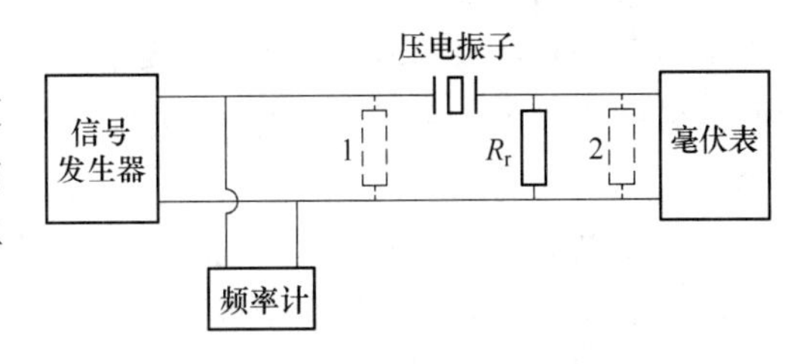

图 10-2　简单的测量线路

这种测量线路过于简单，有一些缺点。为了克服简单测量线路的缺点，通常采用图 10-3 所示的常用测量线路。在振子两端有连接的电阻 R_i、R_T 和 R_{T0}。一般选择 $R_i \geqslant 10R'_T$，$R_T = R'_T$ 及 R_T 小于振子的等效电阻 R_1。这一测量电路中每个电阻的作用及阻值选择理由如下：

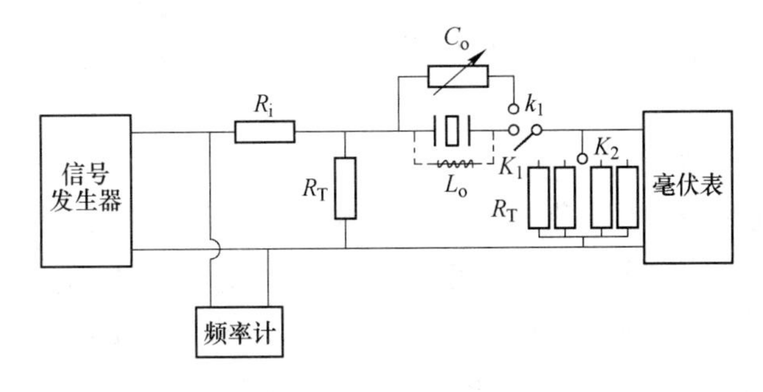

图 10-3　常用测量线路

选择 $R'_T \leqslant R_1/10$，既然 R'_T 较小，而振子又与 R'_T 并联，这样，振子的阻抗 Z 虽然随频率变化很大，但 Z 与 R'_T 并联后的阻抗随频率的变化却很小，因此，可以认为输入电压几乎保持不变。

可以选择 $R_i+R'_T$ 等于信号发生器的输出阻抗和频率计的输入阻抗与 $R_i+R'_T$ 相并联，而 R'_T 又与振子并联，当 R'_T 小时，它能隔离信号发生器输出电抗和频率计输入电抗对振子的影响，因此，可以提高测量 f_m 和 f_n 的精度。

对 R_T 值选择是一个重要的问题。因为 R_T 与振子相串联，特别是振子谐振时，R_T 就是串联谐振电路中电阻的一部分。R_T 大时，会影响谐振曲线的尖锐度，使谐振指示不准确，造成测量误差，所以要求 R_T 越小越好。另一方面，振子阻抗随频率的变化是通过 R_T 上的电压变化反映到毫伏表中，为了使毫伏表能灵敏地反映这个变化，就希望大一点好。兼顾这两方面的要求，一般选择 R_T 小于振子的等效电阻 R_1，对于 PZT 系压电陶瓷来说，R_T 的数值约为几十欧。由于形状、大小不同的压电陶瓷振子，其最小阻抗也不相同，所以测量时应对 R_T 值做必要的调整。其次，在反谐振频率时，振子的阻抗达到最大值，为了提高测量反谐振频率的精确度，应适当选择较大的 R_T 值。

与 R_T 相似，R'_T 也能起到隔离毫伏计的输入电抗对振子的影响，所以也能提高测量 f_m 和 f_n 的精确度。

为了避免线路中杂散电容和外界感应所带来的测量误差，应对测量线路做必要的屏蔽。一般是将线路放在金属盒内。

夹持振子的支架也影响测量结果。对夹持振子的支架除要求能稳固地支持住振子，保证夹子与振子有良好的电接触外，还要使振子处于能自由振动状态。所以夹子与振子的接触面要尽可能的小，并且夹在中心位置或振动夹上，同时，希望支架具有尽量小的分布电容。

因为压电陶瓷是铁电体，只有输入信号电压较小时，才能得到比较正确的测量结果。如果输入信号电压较大，就会引起非线性效应。造成测量误差，因此，一般都在输入信号电压为 1V 的情况下进行测量。

（三）等效电阻 R_1 的测量方法

1. 测量 R_1 的常用方法

当信号频率等于振子的谐振频率时，等效电路中的 L_1、C_1 串联分路阻抗等于电阻 R_0。因此，还可以在测量线路中通过开关 K_1，用一个可变电阻箱来代替振子，并调节可变电阻箱，使毫伏表上的读数与振子谐振时的读数相同，此时，电阻箱中的电阻即等于振子的等效电阻 R_1。

2. 测量 R_1 的精确方法

谐振时，等效电路中的总电流等于 C_0 分路电流和 R_1 分路电流之和。如果 C_0 分路的阻抗大于 R_1，则通过 C_0 分路的电流就很小，因此，上述测量 R_1 的方法的误差很小。如果 C_0 分路的阻抗小于 R_1，则应采用下述方法清除 C_0 分路所造成的误差。

3. 并联电容法

既然振子的分路电容 C_0 与 R_1 并联，那么可事先用电容电桥测出振子的分路电容 C_0，然后用一电容等于 C_0 的电容器与电阻箱并联，如图 10-3 中虚线所示。通过开关 K_1，再调节电阻即等于振子的等效电阻 R_1。

4. 并联电感法

用一可变电感 L_0 与振子并联，如图 10-3 中虚线所示，调节电感 L_0 使之满足 $(2\pi f_s L_0 - 1/2\pi f_s C_0) = 0$。这时，通过 C_0 分路的电流恰好与通过电感 L_0 的电流互相抵消。此时，毫伏表上的读数只反映通过等效电阻 R_1 的电流的大小。然后按常用方法测量 R_1 值。

三、实验设备与材料

（1）ZJ-3A 型准静态 d_{33} 测量仪。

（2）压电陶瓷材料若干。

四、实验内容及步骤

（一）实验内容及操作步骤

下面的一般过程适用于试样电容值小于 0.01μF（对 ×1 挡）或小于 0.001μF（对 ×0.1 挡）的情况。

（1）用两根多芯电缆把测量头和仪器本体连接好。

（2）把附件盒内的塑料片插入测量头的上下两探头之间，调节测量头顶端的手轮，使塑料片刚好压住为止，如图 10-4 所示。

（3）把仪器后面板上的“d_{33}-力”选择开关拨至“d_{33}”一侧（如拨置“力”一侧，则面板表上显示为低频交变力值，应为“250”左右，这是低频交变力 0.25N 的对应值）。

（4）拨动仪器后面板上的 d_{33} 量程选择开关，按被测试样 d_{33} 的估计值，处于适当位置，如无法确定估计值，则从大量程开始（d_{33} 量程选择开关置 ×1 一侧）。

（5）在仪器通电预热 10min 后，调节仪器前面板上的调零旋钮使面板表指示在“0”与“-0”之间。

（6）测量样品的压电常数前，必须先对仪器进行校正。去掉塑料圆片，取出校正规，将夹具夹住校正规。注意：旋转钮的旋转程度，以旋转到无声振动为准，如图 10-5 所示。

图 10-4　塑料圆片校零

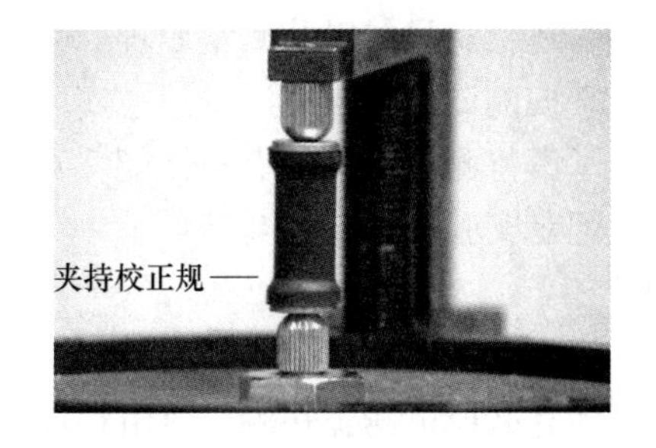

图 10-5　校正规标样校准

（7）旋转校正钮，直至显示屏为 499（标准值）为止；完成校正后，取出校正规，换待测样品，测量压电材料的压电常数 d_{33}；同样，旋转钮的旋转程度以无声振动为准。

（8）插入待测试样于上下两探头之间，参考图 10-4。调节手轮使探头与样品刚好夹持住，静压力应尽量小，使面板表指示值不跳动即可。静压力不宜过大，如力过大，会引起压电非线性，甚至损坏测量头。但也不能过小，以致试样松动，指示值不稳定。待指示值稳定后，即可读取 d_{33} 的数值和极性。

（9）当测量大量同样厚度的试样时，则可轻轻压下测量头的胶木板，取出已测试样，插入一个待测样品后，松开胶木板即可；不必再调节测量头上方的调节手轮，这样既方便，且还使静压力保持一致。

（10）为减小测量误差，零点如有变化或换挡时，需重新调零。

（11）“快速模式”的测量：快速模式即连续测量，被测元件均为极化后已放置一定时间并彻底放电后的试样，此时“放电提示”红色发光二极管闪烁，随时提醒操作人员首先对压电元件放电后再进行测量，以避免损坏仪器。选择“快速模式”测量，每更换一个被测元件，表头会迅速显示 d_{33} 结果及正负极性。

（12）“安全模式”测量：对于刚刚极化完的压电试样，在短时间内，即使多次放电也难彻底放完，压电试样上仍然会存在少则几千伏，多则几万伏的电压。选择“安全模式”可使仪器在测量过程中能自动对被测元件进行放电，以确保仪器安全。在插入被测试样后，放电过程开始并自动完成，此时表头指示为零，按下“测量触发”键，仪表才能显示出测量结果。每测一只元件，都要重复一次上述过程。在“安全模式”状态下，“放电提示”指示灯熄灭，“测量触发”按钮内的绿色发光二极管一直点亮。

（二）探头的选择

随仪器一起提供有两种试样探头，参考图 10-5。测量时，至少试样的一面应为点接触，故使用圆形探头（A 型探头）较好。上下两探头应尽量准直。当被测试样为圆管，厚圆片或大块试样时，下面用平探头（B 型探头）为好。

五、注意事项

（1）操作前必须仔细阅读使用说明书。

（2）进行正式测量之前，仪器需预热 10min，并调零。

六、实验报告要求

（1）简述实验目的以及测量原理。

（2）掌握测试步骤与方法，注意实验过程中的安全要求。

（3）了解待测试样的特点、性能，对测量结果进行分析。

（4）记录实验结果。

思考题

（1）为什么压电陶瓷在测试压电性能前，必须要进行极化处理？

（2）动态法与静态法测量 d_{33} 有什么不同？

（3）压电材料的压电性能参数主要有哪些？举例说明正压电效应的应用。

实验 11　固体材料热膨胀系数的测定

一、实验目的

（1）了解测定材料的热膨胀曲线对生产的指导意义。
（2）了解示差法测定热膨胀系数的原理和测试要点。
（3）利用材料的热膨胀曲线，确定玻璃材料的特征温度。
（4）了解相变对金属热膨胀系数的影响。

二、原理概述

物体的体积或长度随温度的升高而增大的现象称为热膨胀。热膨胀系数是材料的主要物理性质之一，材料的线膨胀是材料受热膨胀时，在一维方向的伸长。它是衡量材料的热稳定性好坏的一个重要指标。特别是研制新材料时，需要对材料的线膨胀系数做测定。

在实际应用中，当两种不同的材料彼此焊接或熔接时，选择材料的热膨胀系数显得尤为重要，如玻璃仪器、陶瓷制品的焊接加工，都要求两种材料具备相近的膨胀系数。在电真空工业和仪器制造工业中，广泛地将非金属材料（玻璃、陶瓷）与各种金属焊接，也要求两者有相适应的热膨胀系数。如果选择材料的膨胀系数相差比较大，焊接时由于膨胀的速度不同，在焊接处产生应力，降低了材料的机械强度和气密性，严重时会导致焊接处脱落、炸裂、漏气或漏油。如果层状物由两种材料迭置连接而成，则温度变化时，由于两种材料的膨胀值不同，若仍连接在一起，体系中要采用一个中间膨胀值，从而使一种材料中产生压应力而另一种材料中产生大小相等的张应力，恰当地利用这个特性，可以增加制品的强度。因此，测定材料的热膨胀系数具有重要的意义。

目前，测定材料线膨胀系数的方法很多，有示差法（或称“石英膨胀计法”）、双线法、光干涉法、重量温度计法等。在所有这些测试方法中，以示差法具有广泛的实用意义。国内外示差法所采用的测试仪器很多，分为立式膨胀仪（如 Weiss 立式膨胀仪）和卧式膨胀仪（如 HTV 型、USD 型、RPZ-1 型晶体管式自动热膨胀仪）两种。有工厂的定型产品，也有自制的石英膨胀计。此外，双线法在生产中也是一种快速测量法。本实验采用示差法立式膨胀仪。

（一）线热膨胀系数的确定

依据军标 GJB 332A—2004《固体材料线膨胀系数测试方法》线性热膨胀定义为：与温度变化相对应的试样单位长度的长度变化，以 $\Delta L/L_0$ 表示，其中 ΔL 是测得的长度变化，L_0 是试验起始温度 T_0 下的试样长度。线性热膨胀常以 10^{-3} 或 10^{-6} 表示，且一般以 15 ~25℃ 为试验起始温度。

1. 平均线膨胀系数

在温度区间 T_1 和 T_2 内，温度每变化 1℃，试样单位长度变化的算术平均值。计算公式如下：

$$\alpha_m = \frac{L_2 - L_1}{L_0(T_2 - T_1)} \tag{11-1}$$

式中 α_m——平均线膨胀系数,℃$^{-1}$，常用10^{-6}℃$^{-1}$表示；

L_1——温度T_1下的试样长度，mm；

L_2——温度T_2下的试样长度，mm；

T_1，T_2——测量中选取的两个温度,℃。

2. 热膨胀率

在温度T下，与温度变化1℃时相应的线热膨胀值。计算公式如下：

$$\alpha_T = \frac{dL}{dT} \cdot \frac{1}{L_T} \tag{11-2}$$

式中 α_T——温度T下的热膨胀率,℃$^{-1}$，常用10^{-6}℃$^{-1}$表示；

L_T——温度T下的试样长度，mm。

一般的普通材料，通常所说膨胀系数是指线膨胀系数，其意义是温度升高1℃时单位长度上所增加的长度，也就是温度每升高1℃时，物体的相对伸长。固体材料α_T不是一个常数，通常随温度升高而加大。

3. 平均体膨胀系数

当物体的温度从T_1上升到T_2时，其体积也从V_1变化为V_2，则该物体在T_1至T_2的温度范围内，温度每上升一个单位，单位体积物体的平均增长量为：

$$\beta = V_2 - V_1/[V_1(T_2 - T_1)] \tag{11-3}$$

式中，β为平均体膨胀系数。

从测试技术来说，测体膨胀系数较为复杂。因此，在讨论材料的热膨胀系数时，常常采用线膨胀系数$\alpha_m = L_2 - L_1/[L_0(T_2 - T_1)]$。

β与α_m的关系是：

$$\beta = 3\alpha_m + 3\alpha_m^2\Delta T^2 + \alpha_m^3\Delta T^3 \tag{11-4}$$

式（11-4）中的第二项和第三项都非常小，实际中一般略去不计，而取$\beta \approx 3\alpha_m$。

必须指出，由于膨胀系数实际上并不是一个恒定的值，而是随温度变化的，所以上述膨胀系数都是具有在一定温度范围ΔT内的平均值的概念，因此使用时要注意它适用的温度范围。部分材料的膨胀系数见表11-1。

表11-1 部分材料的膨胀系数

材料名称	线膨胀系数(0～1000℃)/10^6K^{-1}	材料名称	线膨胀系数(0～1000℃)/10^6K^{-1}	材料名称	线膨胀系数(0～1000℃)/10^6K^{-1}
Al_3O_2	8.8	ZrO_2（稳定化）	10	硼硅玻璃	3
BeO	9.0	TiC	7.4	黏土耐火材料	5.5
MgO	13.5	B_4C	4.5	刚玉瓷	5～5.5
莫来石	5.3	SiC	4.7	硬质瓷	6
尖晶石	7.6	石英玻璃	0.5	滑石瓷	7～9
氧化锆	4.2	钠钙硅玻璃	9.0	钛酸钡瓷	10

（二）金属热膨胀的物理本质

金属固体多以晶态存在，周期排列的原子都在围绕其平衡位置做简谐振动，随温度增加，振幅加大，动能随之增加。构成晶体的原子由于温度的升高，环绕它们平衡位置振动的振幅增大，并导致平衡位置移动而加大，原子间的距离由此就变大使物体呈现出热膨胀性。膨胀量的大小，在温度相同的情况下，决定于在构造质点之间所作用的结合力大小。假如这种结合力比较大，振幅就会比较小，而且振动中心仅呈现极微小的推移。因此在相同的温度升高的情况下，构造质点之间的键合力越大，则热膨胀系数就越小。

（三）影响热膨胀的主要因素

金属热膨胀系数与其化学成分、晶体结构和键强度等密切相关。

1. 键强度

键强度高，热膨胀系数低；金属熔点高，键强度高，热膨胀系数低。

2. 晶体结构

（1）结构紧密的晶体热膨胀系数都较大，而比较松散的非晶态的热膨胀系数都较小。如多晶石英与无定形石英。

（2）非等轴晶系的晶体，各晶轴方向的膨胀系数不等，如石墨等层状结构材料，层内联系紧密，而层间联系较松散，使得层间膨胀系数较小，而其层内膨胀系数较大。

3. 相变的影响

（1）一级相变：如纯金属同素异构转变时，点阵结构重排时体积突变，伴随着金属比容突变，导致线膨胀系数发生不连续变化。图 11-1 所示为 α 和 ΔL 随 T 的变化示意图，图 11-2 所示为钢的相变图。

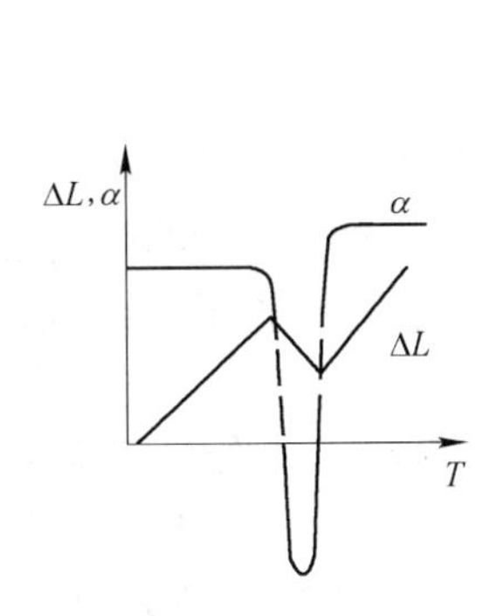

图 11-1　一级相变时 α 和 ΔL 随 T 的变化

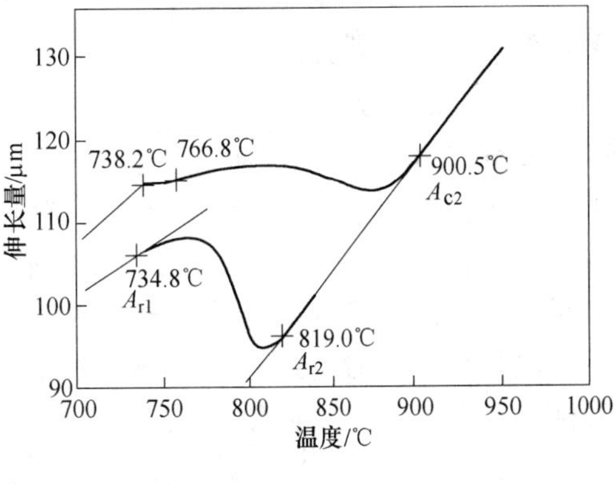

图 11-2　钢的相变图

（2）二级相变：发生二级相变时，体积没有变化，也没有伴随热量的吸收和释放，只是热容量、热膨胀系数等物理量发生变化。如有序－无序转变时，膨胀系数在相变温区仅出现拐折，如图 11-3 所示。金属与合金在接近居里温度发生磁性转变，其膨胀曲线会出现明显的膨胀峰。与正常曲线相比，它具有明显的反常现象，其中 Ni 和 Co 具有正膨胀峰，Fe 具有负膨胀峰。

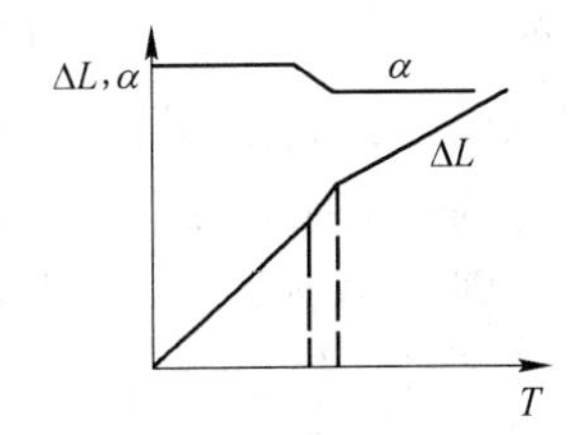

图 11-3　二级相变时 α 和 ΔL 随 T 的变化

材料的热膨胀特性在整个升温过程可分为三个区间：室温至奥氏体形成温度区间内，含碳量及成分对钢的线性热膨胀影响很小；奥氏体形成温度区间内，固态相变对材料膨胀影响显著，线性热膨胀随温度呈高度非线性变化；高温奥氏体温度区间内，钢的线性热膨胀随含碳量的增加而增加。材料的平均线膨胀系数并不能反映某温度下材料的真实热变形，一般采用瞬时线膨胀系数来表征材料在加热过程的物理相变行为。

从室温加热到高温奥氏体温度区间的过程中，试样的尺寸变化受温度引起的热膨胀和相变引起的收缩两个因素的综合影响，其中物理热效应引起的热膨胀占主导作用，相变引起的收缩量大约只占整个膨胀绝对变化量的14.38%。

4. 合金成分和组织的影响

不同成分和组织金属材料的热膨胀系数是不同的，金属材料的化学成分影响其升温过程中的相变临界点温度，进而影响其在温度变化过程中的总膨胀量。取样方向对热膨胀系数没有影响，即金属材料的热膨胀系数是各向同性的。组成合金的溶质元素对合金热膨胀有明显影响：

（1）由简单金属与非铁磁性金属组成的单相均匀固溶体合金的线膨胀系数一般介于两组元的膨胀系数之间，且随溶质原子浓度的变化呈直线变化。

（2）Mn和Sn使铁的膨胀系数增大；Cr和V使其减小。

（3）多相合金的膨胀系数仅取决于组成相的性质和数量，介于各组成相的膨胀系数之间。

（4）钢的热膨胀特性取决于组成相特性。不同组成相的比容因晶体结构不同而不同，如马氏体比容大于奥氏体。

（5）钢中合金元素的影响则由其形成碳化物还是铁素体所决定，铁素体使钢的热膨胀系数降低，碳化物则使其增大。

（四）示差法实验原理

依据军标GJB 332A—2004《固体材料线膨胀系数测试方法》采用单推杆式或单推管式示差膨胀仪，借助于由同种稳定材质的载管与顶杆构成的组件，测量温度变化时固体材料试样相对于其载管的长度变化。推杆或载管将试样长度的变化传输至传感器上，推杆的形状和尺寸应保证将载荷作用到试样上。

示差法是基于采用热稳定性良好的材料石英玻璃（棒和管）在较高温度下，其线膨胀系数随温度而改变的性质很小，当温度升高时，石英玻璃与其中的待测试样与石英玻璃棒都会发生膨胀，但是待测试样的膨胀比石英玻璃管上同样长度部分的膨胀要大。因而使得与待测试样相接触的石英玻璃棒发生移动，这个移动是石英玻璃管、石英玻璃棒和待测试样这三者的同时伸长和部分抵消后在千分表上所显示的ΔL值，它包括试样与石英玻璃管和石英玻璃棒的热膨胀之差值，测定出这个系统的伸长之差值及加热前后温度的差值，并根据已知石英玻璃的膨胀系数，便可算出待测试样的热膨胀系数。

图11-4所示为石英膨胀仪的工作原理分析图。

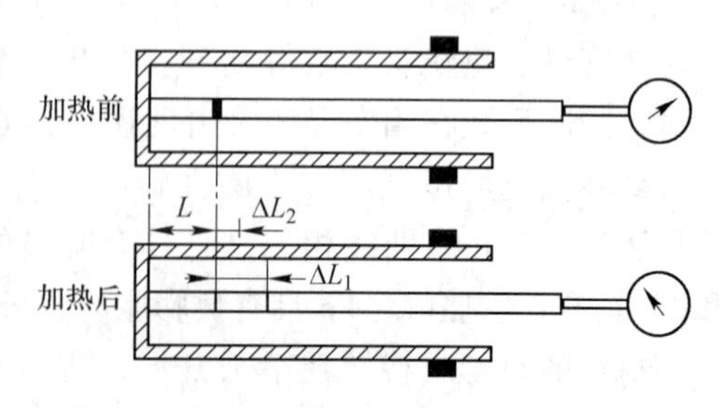

图11-4 石英膨胀仪的工作原理分析图

从图中可见，膨胀仪上千分表上的读数为：

$$\Delta L = \Delta L_1 - \Delta L_2$$

由此得
$$\Delta L_1 = \Delta L + \Delta L_2$$

根据定义，待测试样的线膨胀系数为：

$$\alpha_m = (\Delta L + \Delta L_2)/(L \cdot \Delta T) = \Delta L/(L \cdot \Delta T) + \Delta L_2/(L \cdot \Delta T)$$

其中
$$\Delta L_2/(L \cdot \Delta T) = \alpha_{石}$$

所以
$$\alpha_m = \alpha_{石} + \Delta L/(L \cdot \Delta T)$$

若温度差为 $T_2 - T_1$，则待测试样的平均线膨胀系数 α_m 可按下式计算：

$$\alpha_m = \alpha_{石} + \Delta L/[L(T_2 - T_1)] \tag{11-5}$$

式中　$\alpha_{石}$——石英玻璃的平均线膨胀系数，按表 11-2 温度范围取值；

T_1——开始测定时的温度；

T_2——一般定为 300℃，若需要，也可定为其他温度；

ΔL——试样的伸长值，即对应于温度 T_2 与 T_1 时千分表读数之差值，mm；

L——试样的原始长度，mm。

表 11-2　石英玻璃平均线膨胀系数的取值温度范围

序　号	$\alpha_{石}/\times10^{-6}℃^{-1}$	温度范围/℃
1	0.54	20～100
2	0.57	20～200
3	0.58	20～300
4	0.57	20～400
5	0.58	20～1000
6	0.597	200～700

这样，将实验数据在直角坐标系上做出热膨胀曲线，如图 11-5 所示。就可确定试样的线热膨胀系数，对于玻璃材料还可以得出其特征温度 T_g 与 T_f。

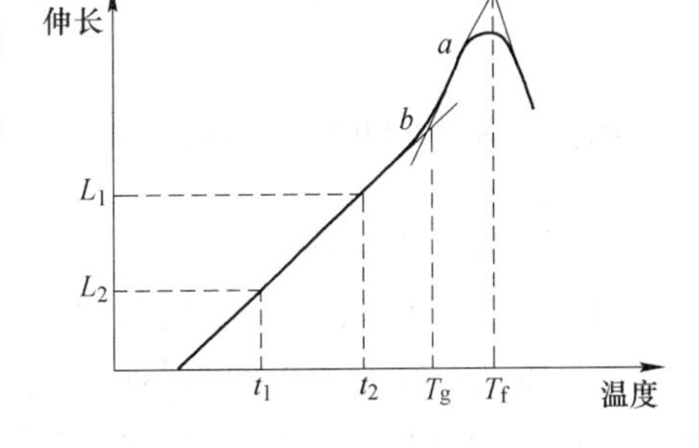

图 11-5　玻璃的热膨胀曲线图

三、实验设备及材料

（1）待测试样（玻璃、纯铜棒等）。

（2）小砂轮片（磨平试样端面用）。

（3）游标卡尺或千分尺（量试样长度用）。

（4）秒表（计时用）。

（5）WTD1 型热膨胀仪（石英示差膨胀仪），由立式结构的仪器主体、温度控制器、位移测量机构组成。

（6）WTD1 型热膨胀仪的主体结构示意如图 11-6 所示。温度控制器电气原理与温度控制器接线如图 11-7 所示。

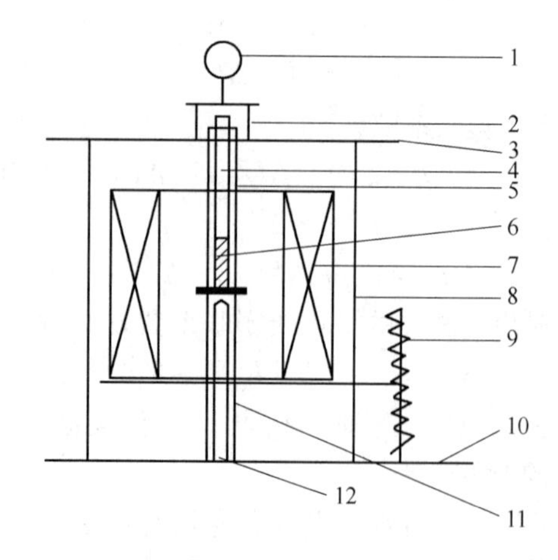

图 11-6 WTD1 型热膨胀仪主体结构图

1—百分表；2—小支架；3—上横梁；4—石英杆；5—石英套管(上)；6—试样；7—电炉；8—立柱；9—升降机构；10—底座；11—石英套管（下）；12—热电偶

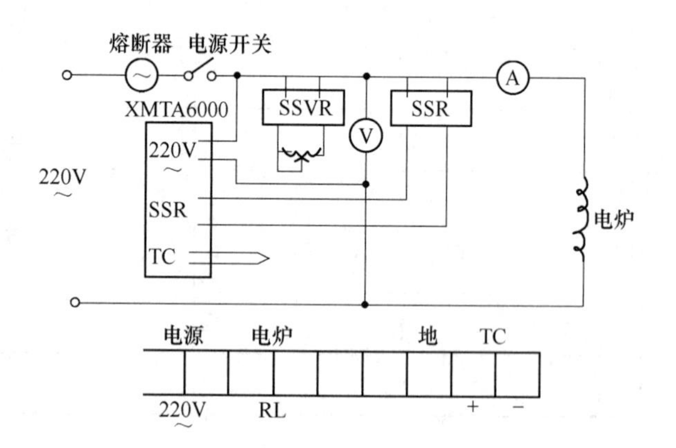

图 11-7 温度控制器电气原理图与温度控制器接线图

四、实验内容及操作步骤

（一）试样的准备

（1）对试样要求：在测试过程中，要求试验装置对被测试样施加的应力而产生的蠕变或弹性变形应小至可以忽略不计，即对试样长度变化的测试精度，其影响可以忽略，且在测试过程中试验装置不应对试样产生压痕。

（2）试样长度应大于 2mm，推荐试样长度为 15～70mm。试样长度方向上的横截面可以是圆形、矩形或正方形，且应是等截面，截面面积可在 10～100mm^2 之间。

（3）试样的两端面应平行并与轴线垂直，不平行度和垂直度不宜大于 0.02。其端面（与载体、推杆间的接触面）的粗糙度 R_a 不大于 10μm。不应采用具有尖端的试样，它在实验中易产生变形。吸湿性较强的试样在测试前应在干燥器中放置不少于 24h。每组试样数量应不少于三个。

（4）必须先选取无缺陷（对于玻璃，应当无砂子、波筋、条纹、气泡）材料作为测定热膨胀系数的试样。

（5）试样尺寸依不同仪器的要求而定。例如，一般石英膨胀仪要求试样直径为 5～6mm，长为 60mm ± 0.1mm 的待测棒；UBD 万能膨胀仪要求试样直径为 3mm、长为 50mm ±0.1mm；Wiess 立式膨胀仪要求试样直径为 12mm、长为 65mm ±0.1mm。

本次实验 WTD1 型热膨胀仪所采用的样品规格为：ϕ8mm × 50mm 圆棒或 8mm × 8mm ×50mm 方棒。把试棒两端磨平，用千分卡尺精确量出长度。

（二）测试操作要点

（1）按温度控制器后面板接线图 11-7 将温度控制器与仪器主体连接。

（2）温度控制器具有手动调压、自动恒温控制功能，升温速率与手动给定电压有关（温控仪表使用参阅 XMT6000 仪表说明书）。

（3）按要求制备试样，样品尺寸为 ϕ8mm ×50mm，圆棒或 8mm ×8mm ×50mm 方棒。

（4）取下百分表和小支架，手摇升降机构使电炉下降，暴露下套管的顶部样品平台，将试样垂直放在平台上，然后装入上套管和石英杆。

（5）装上百分表和小支架并锁紧，注意百分表的弹性顶杆必须与石英杆对准且预置一定压力（使顶杆压进约 2mm 即表指针转两圈），然后将百分表归零。

（6）手摇升降机构使电炉上升约 10cm，使样品处于电炉中部温区。

（7）开始测试，先接通仪器电源、手动调节电压约 50V（电压大小与升温速率有关），升温速度不宜过快，以控制 2～3℃/min 为宜，并维持整个测试过程的均匀升温；每隔 2min 记录一次千分表的读数和数显温控器的温度读数，直到千分表上的读数向后退为止（仅限玻璃试样，紫铜试样低温不出现读数后退）。将所测数据记入表 11-3。

（8）测试结束，关闭仪器电源，取下千分表和小支架，需待炉温降至室温后卸下试样。

表 11-3　测试结果记录表

试样编号	试样长度 L/mm	试样温度 t/℃	千分表读数	试样伸长值 ΔL/mm	膨胀系数 α
1					
2					
3					

五、实验报告要求

（1）实验目的及要求。

（2）实验原理及仪器主要操作步骤。

（3）根据原始数据绘出待测材料的线膨胀曲线。

（4）按公式计算被测材料的平均热膨胀系数。

（5）对于玻璃材料，从热膨胀曲线上确定出其特征温度 T_g、T_f。

六、数据处理举例

（1）实验原始数据的记录见表 11-4。

表 11-4　实验原始数据的记录

温度/℃	伸长(×0.01)/mm	温度/℃	伸长(×0.01)/mm	温度/℃	伸长(×0.01)/mm	温度/℃	伸长(×0.01)/mm	温度/℃	伸长(×0.01)/mm
37	0.1	131	4.8	252	11.5	377	18.5	491	23.2
43	0.2	140	5.5	263	12.3	391	19.2	497	24.0
49	0.5	151	5.7	274	12.9	403	20.0	506	24.6
56	0.9	162	6.2	285	13.9	414	20.2	520	26.0
65	1.1	172	6.9	294	14.3	423	21.0	532	27.2
73	1.6	184	7.5	305	14.8	433	21.1	543	27.4
83	2.1	197	8.2	317	15.4	446	21.5	553	25.5
94	2.8	209	8.8	328	16.0	458	22.0	562	20.9
105	3.2	219	9.5	338	16.6	468	22.3		
114	3.8	231	10.1	348	17.0	478	22.8		
122	4.2	242	10.9	362	17.8	485	23.0		

（2）根据原始数据，在直角毫米坐标纸中绘出待测材料的线膨胀曲线。确定 T_2、T_1，并根据 T_2 和 T_1 来确定 L_1 和 L_2。

（3）按公式计算平均膨胀系数：

$$\alpha = \alpha_{石} + \frac{L_2 - L_1}{L(T_2 - T_1)} = 5.8 \times 10^{-7} + \frac{(14.4 - 1.1) \times 0.01}{58.9 \times (300 - 60)}$$
$$= 9.99 \times 10^{-6} ℃^{-1}$$

（4）用 Excel 也可以作图和计算平均膨胀系数。最后，以 3 个试样的平均值来表示实验结果。在图上求玻璃的转变温度 T_g 和膨胀软化点温度 T_f：

$$T_g = 496℃$$
$$T_f = 544℃$$

同样，以 3 个试样的平均值来表示实验结果。

（5）用 Excel 计算：通常，要求计算的是室温至 300℃时的膨胀系数，用实验数据在 Excel 中作图，由图 11-8 可得拟合计算公式，计算膨胀系数就十分方便。即：

$$\alpha = \alpha_{石} + \frac{L_2 - L_1}{L(T_2 - T_1)}$$
$$= 5.8 \times 10^{-7} + [(0.0555 \times 300 - 2.4462) - (0.0555 \times 20 - 2.4462)] \times 0.01/[58.9 \times (300 - 20)] = 1.00 \times 10^{-7} ℃^{-1}$$

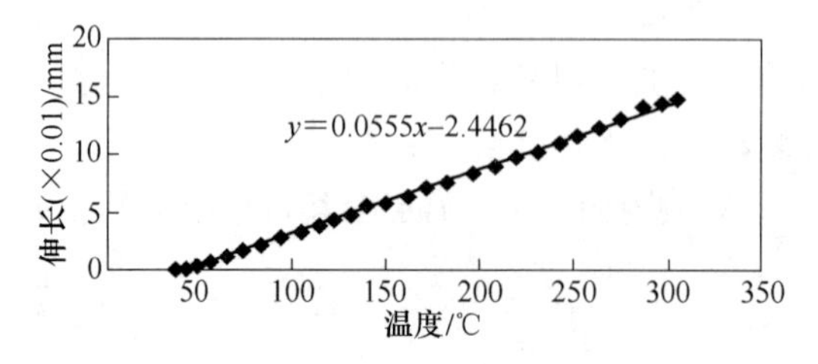

图 11-8　Excel 中作图

思考题

(1) 测定材料的热膨胀系数有何意义?
(2) 石英膨胀仪测定材料膨胀系数的原理是什么?
(3) 影响测定膨胀系数的因素是什么，如何防止?
(4) 在加热和测量过程应注意些什么?
(5) 你认为误差来自何处，如何减少?

实验12 材料导热系数的测量Ⅰ
——稳态平板法

一、实验目的

（1）了解热传导现象的物理过程。
（2）学习用稳态平板法测量材料导热系数的实验方法和技能。
（3）测定试验材料的导热系数。
（4）确定试验材料导热系数与温度的关系。

二、原理概述

导热系数（热导率）是反映材料热性能的物理量，导热是热交换的三种基本形式（导热、对流和辐射）之一，是工程热物理、材料科学、固体物理及能源、环保等各个研究领域的课题之一，要认识导热的本质和特征，需了解粒子物理，而目前对导热机理的理解大多数来自固体物理的实验。材料的导热机理在很大程度上取决于它的微观结构，热量的传递依靠原子、分子围绕平衡位置的振动以及自由电子的迁移，在金属中电子流起支配作用，在绝缘体和大部分半导体中则以晶格振动起主导作用。因此，材料的导热系数不仅与构成材料的物质种类密切相关，而且与它的微观结构、温度、压力及杂质含量相联系。在科学实验和工程设计中所用材料的导热系数都需要用实验的方法测定（粗略的估计，可从热学参数手册或教科书的数据和图表中查寻）。

1882年法国科学家J·傅里叶奠定了热传导理论，目前各种测量导热系数的方法都是建立在傅里叶热传导定律基础之上，从测量方法来说，可分为两大类：稳态法和动态法。稳态平板法是一种应用一维稳态导热过程的基本原理来测定材料导热系数的方法，可以用来进行导热系数的测定试验，测定材料的导热系数及其和温度的关系。本实验采用的是稳态平板法测量材料的导热系数。

为了测定材料的导热系数，首先从热导率的定义和它的物理意义入手。热传导定律指出：如果热量是沿着 Z 方向传导，那么在 Z 轴上任一位置 Z_0 处取一个垂直截面积 ds，如图12-1所示，以 dT/dz 表示在 Z 处的温度梯度，以 dQ/dt 表示在该处的传热速率（单位时间内通过截面积 ds 的热量），那么传导定律可表示成：

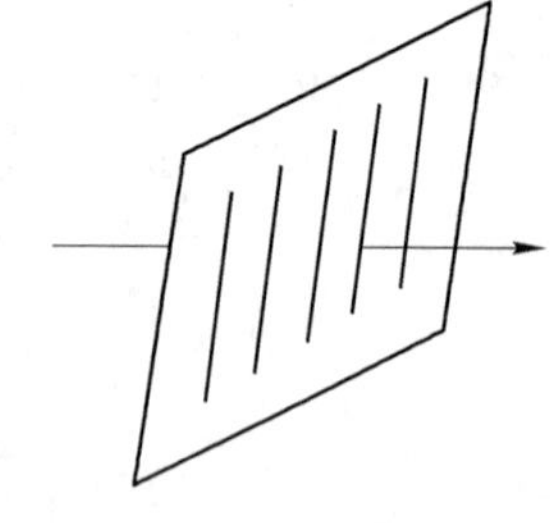

图12-1 热传导示意图

$$dQ = -\lambda\left(\frac{dT}{dz}\right)_{Z_0} ds \cdot dt \tag{12-1}$$

式中 “-”——负号，表示热量从高温区向低温区传导（即热传导的方向与温度梯度的方向相反）。

λ——比例系数，即为导热系数。

可见热导率的物理意义：在温度梯度为一个单位的情况下，单位时间内垂直通过单位面积截面的热量。

利用式（12-1）测量材料的导热系数 λ，需解决的关键问题有两个：一个是在材料内造成一个温度梯度 dT/dz，并确定其数值；另一个是测量材料内由高温区向低温区的传热速率 dQ/dt。

（一）关于温度梯度 dT/dz

为了在样品内造成一个温度的梯度分布，可以把样品加工成平板状，并把它夹在两块良导体——铜板之间，如图 12-2 所示；使两块铜板分别保持在恒定温度 T_1 和 T_2，就可能在垂直于样品表面的方向上形成温度的梯度分布。样品厚度可做成 $h \leqslant D$（样品直径）。这样，由于样品侧面积比平板面积小得多，由侧面散去的热量可以忽略不计。可以认为热量是沿垂直于样品平面的方向上传导，即只在此方向上有温度梯度。由于铜是热的良导体，在达到平衡时，可以认为同一铜板各处的温度相同，样品内同一平行平面上各处的温度也相同。这样只要测出样品的厚度 h 和两块铜板的温度 T_1、T_2，就可以确定样品内的温度梯度 $T_1 - T_2/h$。

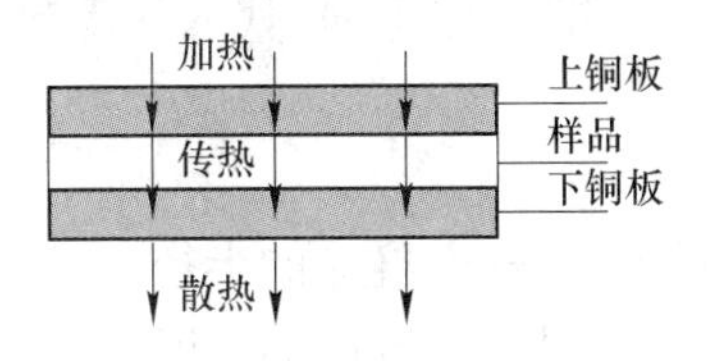

图 12-2 温度梯度示意图

当然，这需要铜板与样品表面的紧密接触，无缝隙，否则中间的空气层将产生热阻，使得温度梯度测量不准确。为了保证样品中温度场的分布具有良好的对称性，把样品及两块铜板都加工成直径相同的圆形。

（二）关于传热速率 dQ/dt

单位时间内通过一截面积的热量 dQ/dt 是一个无法直接测定的量，我们设法将这个量转化为较为容易测量的量，为了维持一个恒定的温度梯度分布，必须不断地给高温侧铜板加热，热量通过样品传到低温侧的铜板，低温侧铜板则要将热量不断地向周围环境散出。当加热速率、传热速率与散热速率均相等时，系统就达到一个动态平衡状态，称之为稳态。此时低温侧铜板的散热速率就是样品内的传热速率。这样，只要测量低温侧铜板在稳态温度 T_2 下散热的速率，也就间接测量出了样品内的传热速率。但是，铜板的散热速率也不易测量，还需要进一步作参量转换，我们已经知道，铜板的散热速率与共冷却速率（温度变化率 dT/dt）有关，其表达式为：

$$\left.\frac{dQ}{dt}\right|_{T_2} = -mc\left.\frac{dT}{dt}\right|_{T_2} \tag{12-2}$$

式中 m——铜板的质量；

c——铜板的比热容；

“ - ”——负号表示热量向低温方向传递。

因为质量容易直接测量，c 为常量；这样对铜板的散热速率的测量又转化为对低温侧铜板冷却速率的测量。

测量铜板的冷却速率可以这样测量：在达到稳态后，移去样品，用加热铜板直接对下金属铜板加热，使其的温度高于稳定温度 T_2（大约高出 10℃左右）再让其在环境中自然冷却，直到温度低于 T_2，测出温度在大于 T_2 到小于 T_2 区间中随时间的变化关系，描绘出 $T-t$ 曲线，曲线在 T_2 处的斜率就是铜板在稳态温度时 T_2 下的冷却速率。

应该注意的是，这样得出的 dT/dt 是在铜板全部表面暴露于空气中的冷却速率，其散热面积为 $2\pi R_P^2 + 2\pi R_P h_P$（其中 R_P 和 h_P 分别为下铜板的半径和厚度），然而在实验中稳态传热时，铜板的上表面（面积为 πR_{P}^2）是样品覆盖的，由于物体的散热速率与它们的面积成正比，所以稳态时，铜板散热速率的表达式应修正为：

$$\frac{\mathrm{d}Q}{\mathrm{d}t} = -mc\frac{\mathrm{d}T}{\mathrm{d}t}\cdot\frac{\pi R_{\mathrm{P}}^2 + 2\pi R_{\mathrm{P}} h_{\mathrm{P}}}{2\pi R_{\mathrm{P}}^2 + 2\pi R_{\mathrm{P}} h_{\mathrm{P}}} \tag{12-3}$$

根据前面的分析，这个量就是样品的传热速率。

将式（12-3）代入热传导定律表达式，并考虑到 $\mathrm{d}s = \pi R^2$ 可以得到导热系数：

$$\lambda = -mc\frac{2h_{\mathrm{P}} + R_{\mathrm{P}}}{2h_{\mathrm{P}} + 2R_{\mathrm{P}}}\cdot\frac{1}{\pi R^2}\cdot\frac{h}{T_1 - T_2}\cdot\frac{\mathrm{d}T}{\mathrm{d}t}\Big|_{T=T_2} \tag{12-4}$$

式中　R——样品的半径；

h——样品的高度；

m——下铜板的质量；

c——铜块的比热容；

R_{P}，h_{P}——下铜板的半径和厚度。

右式中的各项均为常量或直接易测量。

三、实验仪器设备与材料

（1）YBF-2 导热系数测试仪。

（2）保温杯、塞尺、导热硅脂。

（3）测试样品（硬铝、橡皮、牛筋、陶瓷、胶木板）。

四、实验内容及操作步骤

（一）实验步骤

（1）用自定量具测量样品、下铜板的几何尺寸和质量等必要的物理量，多次测量然后取平均值。铜板的比热容 $c = 0.385\mathrm{kJ/(K\cdot kg)}$。

（2）安置圆筒、圆盘时，须将放置热电偶的洞孔与杜瓦瓶同一侧。热电偶插入铜盘上的小孔时，要抹上一些导热硅脂，并插到洞孔底部，使热电偶测温端与铜盘接触良好，热电偶冷端插在冰水混合物中。根据稳态法，必须得到稳定的温度分布，这就要等待较长的时间，为了提高效率，可先将电源电压打到高挡，加热约 20min 后再打至低挡。然后，每隔 5min 读一下温度示值，如在一段时间内样品上、下表面温度 T_1、T_2 示值都不变，即可认为已达到稳定状态。记录稳态时 T_1、T_2 值。

（3）移去样品，继续对下铜板加热，当下铜盘温度比 T_2 高出 10℃左右时，移去圆筒；让下铜盘所有表面均暴露于空气中，使下铜板自然冷却。每隔 30s 读一次下铜盘的温度示值并记录，直至温度下降到 T_2 以下一定值。作铜板的 T-t 冷却速率曲线（选取邻近的 T_2 测量数据来求出冷却速率）。

（4）根据式（12-4）计算样品的导热系数 λ。

（5）本实验选用铜-康铜热电偶测温度，热电偶分度表见表 12-1。温差 100℃时，其温差电动势约 4.0mV，故应配用量程 0～20mV，并能读到 0.01mV 的数字电压表（数字电压表前端采用自稳零放大器，故无须调零）。由于热电偶冷端温度为 0℃，对一定材料的热电偶而言，当温度变化范围不大时，其温差电动势（mV）与待测温度（0℃）的比值是一个常数。由此，在用式（12-4）计算时，可以直接以电动势值代表温度值。

表12-1　铜-康铜热电偶分度表

温度/℃	热电势/mV									
	0	1	2	3	4	5	6	7	8	9
-10	-0.383	-0.421	-0.458	-0.496	-0.534	-0.571	-0.608	-0.646	-0.683	-0.720
-0	0.000	-0.039	-0.077	-0.116	-0.154	-0.193	-0.231	-0.269	-0.307	-0.345
0	0.000	0.039	0.078	0.117	0.156	0.195	0.234	0.273	0.312	0.351
10	0.391	0.430	0.470	0.510	0.549	0.589	0.629	0.669	0.709	0.749
20	0.789	0.830	0.870	0.911	0.951	0.992	1.032	1.073	1.114	1.155
30	1.196	1.237	1.279	1.320	1.361	1.403	1.444	1.486	1.528	1.569
40	1.611	1.653	1.695	1.738	1.780	1.882	1.865	1.907	1.950	1.992
50	2.035	2.078	2.121	2.164	2.207	2.250	2.294	2.337	2.380	2.424
60	2.467	2.511	2.555	2.599	2.643	2.687	2.731	2.775	2.819	2.864
70	2.908	2.953	2.997	3.042	3.087	3.0131	3.176	3.221	3.266	2.312
80	3.357	3.402	3.447	3.493	3.538	3.584	3.630	3.676	3.721	3.767
90	3.813	3.859	3.906	3.952	3.998	4.044	4.091	4.137	4.184	4.231
100	4.277	4.324	4.371	4.418	4.465	4.512	4.559	4.607	4.654	4.701
110	4.749	4.796	4.844	4.891	4.939	4.987	5.035	5.083	5.131	5.179

（二）实验注意事项

（1）稳态法测量时，如果温度稳定大约需要40min左右，为缩短时间，可先将热板电源电压打在高挡，几分钟后，$T_1=4.00$mV即可将开关拨至低挡，通过调节电热板电压高挡、低挡及断电挡，使T_1读数在±0.03mV范围内，同时每隔30s记下样品上、下圆盘A和P的温度T_1和T_2的数值，待T_2的数值在3min内不变即可认为已达到稳定状态，记下此时的T_1和T_2值。

（2）测金属（或陶瓷）的导热系数时，T_1、T_2值为稳态时金属样品上、下两个面的温度，此时的散热盘P的温度为T_3。因此测量P盘的冷却速率应为$\frac{\Delta T}{\Delta t}\big|_{T=T_3}$，则有：

$$\lambda = mc\frac{\Delta T}{\Delta t}\Big|_{T=T_3}\cdot\frac{h}{T_1-T_2}\cdot\frac{1}{\pi R^2}$$

测T_3值时要在T_1、T_2达到稳定时，将上面测T_1或T_2的热电偶移下来进行测量。

（3）圆筒发热体盘侧面和散热盘P侧面，都有供安插热电偶的小孔，安放发热盘时，此两小孔都应与杜瓦瓶在同一侧，以免线路错乱，热电偶插入小孔时，要抹上些导热硅脂，并插到洞孔底部，保证接触良好，热电偶冷端浸于冰水混合物中。

（4）样品圆盘B和散热盘P的几何尺寸，可用游标尺多次测量取平均值。散热盘的质量m约0.8kg，可用药物天平称量。

（5）本实验选用铜-康铜热电偶，温差100℃时，温差电动势约4.27mV，见表12-1；故应配用量程0～20mV的数字电压表，并能测到0.01mV的电压（也可用灵敏电流计串联一电阻箱来替代）。

（6）表12-2为部分材料的密度和导热系数，供应用参考。

表12-2 部分材料的密度和导热系数

材料名称	20℃		温度/℃			
			-100	0	100	200
	密度/kg·m^{-3}	导热系数/W·(m·K)$^{-1}$	导热系数/W·(m·K)$^{-1}$			
纯铝	2700	236	243	236	240	238
铝合金	2610	107	86	102	123	148
纯铜	8930	398	421	401	393	389
金	19300	315	331	318	313	310
硬铝	2800	146				
橡皮	1100	0.13~0.23				
电木	1270	0.23				
木丝纤维板	245	0.048				
软木板		0.044~0.079				

（三）实验举例

例：实验时室温25℃，热电偶冷端温度0℃。待测样品：硅橡胶，直径$D_B=120.90$mm，厚$h_B=8.00$mm。下铜盘质量$m=812$g，$c=3.805\times10^2$J/(kg·℃)，厚$h_p=7.00$mm，直径$D_p=120.90$mm。加热置于高挡。20~40min后（时间长短随被测材料和环境有所不同），改为低挡（PID控温时可以保持高挡不变），每隔2min读取温度示值见表12-3。

表12-3 实验举例数据稳态记录表

V_{T1}/mV	4.56	4.43	4.40	4.37	4.35	4.34	4.36	4.35	4.36	4.35
V_{T2}/mV	3.04	3.18	3.27	3.28	3.29	3.30	3.31	3.32	3.32	3.31

由于热电偶冷端温度为0℃，对一定材料的热电偶而言，当温度变化范围不太大时，其温差电动势（mV）与待测温度（℃）的比值为一常数。故可知稳定的温度对应的电动势为$T_1=4.35$mV及$T_2=3.31$mV。

测量下铜盘在稳态值T_2附近的散热速率时，每隔30s记录的温度示值见表12-4。

表12-4 下铜板散热速率数据记录表

t/s	0	30	60	90	120	150	180	210	240
V_{T2}/mV	3.59	3.54	3.48	3.42	3.37	3.31	3.26	3.21	3.16

计算硅橡胶的导热系数：

$$\lambda=\frac{mch_B}{\pi R_B^2(V_1-V_2)}\cdot\frac{2h_P+R_P}{2R_P+2h_P}\cdot\frac{\Delta V}{\Delta t}\bigg|_{T=T_2}=\frac{0.812\times3.805\times10^2\times0.8\times10^{-2}}{3.14\times(6.45\times10^{-2})^2\times(4.35-3.31)\times10^{-3}}\times$$

$$\frac{2\times0.7\times10^{-2}+6.45\times10^{-2}}{2\times(0.7\times10^{-2}+6.45\times10^{-2})}\times\frac{(3.37-3.26)\times10^{-3}}{180-120}=1.819\times10^5\times0.549\times1.833\times10^{-6}=0.183\text{W/(m}\cdot\text{℃)}$$

根据以上公式，可得到不确定度的计算公式为：

$$\frac{\Delta\lambda}{\lambda}=\frac{\Delta h_B}{h_B}+2\frac{\Delta R_B}{R_B}+\frac{\Delta V_1}{V_1}+\frac{\Delta V_2}{V_2}+\frac{\Delta h_P}{h_P}+\frac{\Delta R_P}{R_P}+\frac{\Delta(\Delta V)}{\Delta V}+\frac{\Delta(\Delta t)}{\Delta t}$$

因为测量直径和厚度的不确定度为 0.01mm，所以 Δh_B、ΔR_B、Δh_P、ΔR_P 均为 0.01mm。数字表的读数不确定度为 0.01mV，所以 ΔV_1、ΔV_2、$\Delta V_{(\Delta V)}$ 均为 0.01mV。计时秒表的分辨率为 0.01s，不确定度为 ±0.01s，所以 Δt 为 0.02s。由此可计算出 λ 的不确定度为：

$$\frac{\Delta\lambda}{\lambda}=\frac{0.01}{8.00}+2\times\frac{0.01}{64.5}+\frac{0.01}{4.58}+\frac{0.01}{3.80}+\frac{0.01}{7.00}+\frac{0.01}{64.5}+\frac{0.01}{3.37-3.26}+\frac{0.02}{180-120}=0.095$$

从有效数字位数知，其不确定度主要来源于冷却速率这一项。

故　$$\Delta\lambda=\lambda\cdot\frac{\Delta\lambda}{\lambda}=0.183\times0.095=0.017\text{W}/(\text{m}\cdot℃)$$

因此　$$\lambda\pm\Delta\lambda=(0.183\pm0.017)\text{W}/(\text{m}\cdot℃)$$

实验12 材料导热系数的测量Ⅱ
——圆球法测定粒状材料导热系数

一、实验目的

（1）在稳定状态条件下，用圆球法测定粒状材料的平均导热系数。
（2）熟悉温度等热工基本量的测量方法。

二、实验原理

材料的导热系数是一种热物性参数，在工程计算和科学研究中采用的各种物质的导热系数数值都是用专门实验测定出来的。圆球法导热系数测定仪可用于准确测定颗粒状的材料导热系数。

两个直径不同的空心圆球，圆球壁很薄，并且同心放置，两球之间充满一定密度的，需要测定的颗粒状材料，内空心球的内部装有一个电加热器，当电加热器通电加热时，其产生的热量 Q 将沿圆球表面法线方向通过颗粒状的材料向外传递，假定内空心球的壁面温度为 t_1，外球壁面温度为 t_2，球面各点温度均匀，且 $t_1>t_2$，当温度不随时间变化时，说明已达到稳定状态，根据球坐标下的稳定导热傅里叶定律，有：

$$Q=-\lambda F\frac{\mathrm{d}t}{\mathrm{d}r}=-\lambda 4\pi r^2\frac{\mathrm{d}t}{\mathrm{d}r} \tag{12-5}$$

其中 λ 为材料的导热系数。导热系数不仅与材料的种类结构、密度等因素有关，还与材料的温度有关，在不太大的温度范围内，大多数材料的导热系数与温度近似呈线性关系，即：

$$\lambda=\lambda_0(1+bt) \tag{12-6}$$

式中 λ_0——0℃时导热系数；
b——温度系数。

将式（12-6）代入式（12-5）得：

$$Q=-\lambda_0(1+bt)\cdot 4\pi r^2\frac{\mathrm{d}t}{\mathrm{d}r}$$

分离变量后积分：

$$t+\frac{b}{2}t^2=\frac{Q}{4\pi\lambda_0}\cdot\frac{1}{r}+C \tag{12-7}$$

常数 C 根据边界条件求得：

$$当\ r=\frac{d_1}{2}时,t=t_1$$

$$当\ r=\frac{d_2}{2}时,t=t_2$$

$$t_1+\frac{b}{2}t_1^2=\frac{Q}{4\pi\lambda_0}\cdot\frac{2}{d_1}+C$$

$$t_2+\frac{b}{2}t_2^2=\frac{Q}{4\pi\lambda_0}\cdot\frac{2}{d_2}+C$$

以上两式消去常数 C，整理后得：

$$\lambda_0\left[1+b\left(\frac{t_1+t_2}{2}\right)\right](t_1-t_2)=\frac{Q}{2\pi}\left(\frac{1}{d_1}-\frac{1}{d_2}\right) \tag{12-8}$$

令

$$\bar{t}=\frac{t_1+t_2}{2}$$

$$\bar{\lambda}=\lambda_0(1+b\bar{t})=\lambda_0\left[1+b\left(\frac{t_1+t_2}{2}\right)\right]$$

则式（12-8）化简后得：

$$\bar{\lambda}=\frac{Q\left(\frac{1}{d_1}-\frac{1}{d_2}\right)}{2\pi(t_1-t_2)} \tag{12-9}$$

其中

$$Q=UI$$

式中　$\bar{\lambda}$——$t_1 \sim t_2$ 范围内的平均导热系数，W/(m・℃)

d_1，d_2——内空心球与外球直径，m；

t_1，t_2——内空心球与外球壁温，℃；

I——通过电加热器电流，A；

U——电加热器两端电压，V。

因此，可根据内空心球的外径 d_1，外球内径 d_2，测量热流 Q 及内外球的壁温 t_1、t_2，求得粒状材料的平均导热系数。

若要求式（12-6）中温度系数 b，可调节加热功率，在另一个工况下测定 t_1 与 t_2，以求得另一个平均导热系数 λ 值，再利用式（12-6），解两组方程式求得。

三、实验设备与材料

（1）YQF-1 型圆球导热系数测定系统，包括圆球（实验装置本体）、导热系数测定仪（控制箱）、专用直流稳压电源。

（2）UJ36a 电位差计、T19 电流表电压表。

（3）信号线、连接导线等。

圆球导热仪本体及测量系统如图 12-3 所示。

（4）设备说明：圆球导热仪本体如图 12-3 所示，由两个壁很薄的空心同心圆球组成，内球直径 $d_1=80$mm，外球直径 $d_2=160$mm，内空心球的内部装有电加热器，分别与电流表串接，与电压表并接，用以测量其发热量 Q 值，热量通过待测材料传给外球，然后通过外球表面与空气之间的对流而传给空气。内空心球表面均匀分布三对铜-康铜热电偶，可测内空心球壁的温度 t_{1w}、t_{2w}、t_{3w}，外球内壁面上设有与内空心球相对称的三对铜-康铜热电偶，可测外球壁的温度 t_{4w}、t_{5w}、t_{6w}。

导热系数测定仪面板图，如图 12-4 所示，数显毫伏表：3.5 位显示，量程 0～20mV，测量精度：0.1% ±2 个字，温度补偿范围：－10～40℃，补偿精度 ±0.5℃。

专用直流稳压电源的面板图，如图 12-5 所示，输出电压：0～80V，输出电流：0～1A，连续工作时间：>8h。

（5）实验材料：圆球中已装填颗粒状膨胀珍珠岩散料，密度 $\rho=178\text{kg/m}^3$，测量温度范围:50~180℃,加热电流:<0.3A。物质的导热系数与材料的种类、密度、温度等有关。

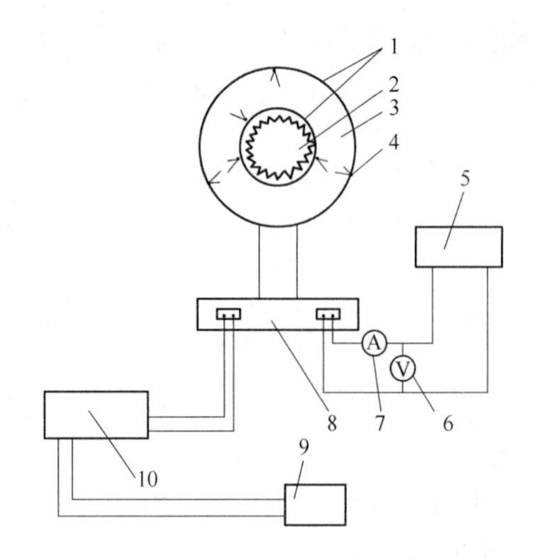

图12-3 圆球导热仪本体及测量系统

1—内、外圆球;2—加热器;3—颗粒状试材;4—铜-康铜热电偶;5—稳压电源;6—电压表;7—电流表;8—底盘;9—UJ36a电位差计;10—导热系数测定仪

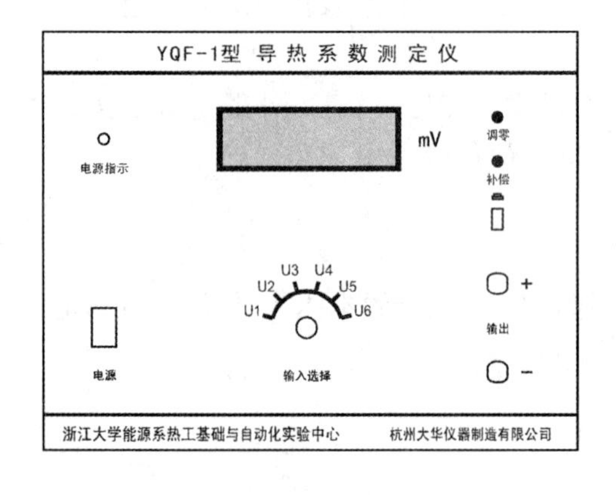

图12-4 导热系数测定仪面板图

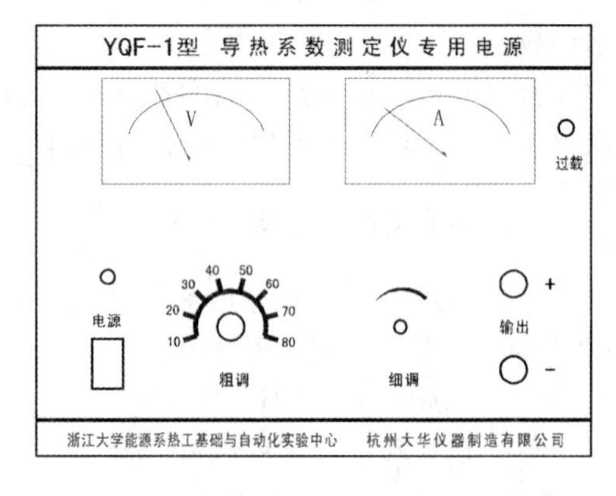

图12-5 专用直流稳压电源面板图

四、实验内容与步骤

(1)按图12-3所示进行仪器的连接。稳压电源的输出通过电流表用专用插头接到圆球底盘上的插座。电源输出“+”端串联电流表。电压表与电源输出的端口并联。

(2)将信号线的一段插入图12-3中圆球底座专用插座,另一端插到导热系数测定仪后面板上的信号线插座上。

(3)将稳压电源的输出调至最小位置,即粗调和细调均逆时针打到底。开启电源开关,指示灯亮。调节粗调和细调开关,改变输出电压,根据电压表和电流表的指示,调节加热功率至所需的电压和电流值。

(4)打开导热系数测定仪的电源开关。先进行数显毫伏表的调零。将面板右下方的输出端短接，用小一字螺丝刀调节右上角的调零电位器，使毫伏表数显为零。若已为零则无需调节。去掉短接线就可进行测量。

（5）若想检查仪器内部的温度补偿是否正常，只需按下“补偿”键，则数显毫伏表显示的值即为补偿电压。对照环境温度，通过查看表 12-1，即可知补偿电压是否正确。若不准确，可用小一字螺丝刀，微调“补偿”按键上方的补偿电位器至准确的补偿值即可。再按“补偿”按键使它弹起即回到测量状态。

（6）观察加热圆球的温度变化情况。当数显毫伏表或电位差计（UJ36a 型）的读数不再变化，则表示圆球内的温度场分布已达到稳定状态（因加热稳定需要 5h，所以实验前已调好）。这时用精密电压表和电流表测得 U 和 I 的值，即可计算得到加热功率。转动图 12-3 中导热系数测定仪上的输入选择旋钮，进行内球、外球 6 个温度点测量。每隔 5min 测量一次，测量 3 ~ 4 次，然后将最后一组数据取平均值。也可把电位差计连接在导热系数测量仪输出端进行准确测量。根据所得的电势值（mV）查阅表 12-1，求得各点温度值。

（7）如果求温度系数 b，调节稳压电源改变加热电流，重复上述步骤（由于稳定时间较长，求温度系数 b 值的实验可不做）。

（8）结束实验，切断圆球加热电源。

五、实验记录整理

将实验记录整理至表 12-5。

表 12-5　实验数据记录表

次数	t_{1w}/mV	t_{2w}/mV	t_{3w}/mV	平均 $t_{内}$/℃	t_{4w}/mV	t_{5w}/mV	t_{6w}/mV	平均 $t_{外}$/℃	U/V	I/A

六、注意事项

（1）仪器及圆球的外表应保持整洁干燥。

（2）圆球切勿倾斜，倒置。严禁碰撞，以避免外球、内球的圆心偏离，或外球变形，影响测量精度。

（3）内空心球的壁面温度不能大于 180℃，否则将破坏内球的热电偶测温结构。

（4）测量时应保持环境清洁干燥，避免阳光直射或环境风过大，以免影响测量精度。

（5）导热系数测定仪的“调零”和“补偿”电位器不能随意调节，否则会影响测量精度。

七、实验报告要求

（1）实验目的及意义。
（2）简述稳态平板法、圆球法测定导热系数实验所依据的基本理论。
（3）稳态平板法、圆球法测定导热系数的实验步骤及注意事项。
（4）列出本实验过程中记录的原始数据及最终的计算、处理结果。
（5）分析实验中误差产生的原因及改进方法。

思考题

（1）用什么方法来判断、检验球体导热过程已达到稳定状态?
（2）分析内外圆球不同心、试验材料充填不均匀所产生的影响?
（3）圆球导热仪的周围如果空气有扰动时会产生什么影响?
（4）为什么在内外圆球表面分别要测取三点温度?
（5）加热器电压波动会产生什么影响?

实验 13　铁磁材料的磁滞回线和基本磁化曲线的测定

一、实验目的

（1）认识铁磁物质的磁化规律，比较两种典型的铁磁物质动态磁化特性。

（2）测定样品的基本磁化曲线，作 μ-H 曲线。

（3）计算样品的 H_c、H_r、B_m 和 $H_m \cdot B_m$ 等参数。

（4）测绘样品的磁滞回线，估算其磁滞损耗。

二、原理概述

（一）铁磁材料的磁滞现象

铁磁物质是一种性能特异、用途广泛的材料。铁、钴、镍及其众多合金以及含铁的氧化物（铁氧体）均属铁磁物质。其特征是在外磁场作用下能被强烈磁化，故磁导率 μ 很高。另一特征是磁滞，即磁化场作用停止后，铁磁质仍保留磁化状态，图 13-1 所示为铁磁物质磁感应强度 B 与磁化场强度 H 之间的关系曲线。

图中的原点 O 表示磁化之前铁磁物质处于磁中性状态，即 $B = H = 0$，当磁场 H 从零开始增加时，磁感应强度 B 随之缓慢上升，如线段 Oa 所示，继之 B 随 H 迅速增长，如 ab 所示，其后 B 的增长又趋缓慢，并当 H 增至 H_s 时，B 到达饱和值，$Oabs$ 称为起始磁化曲线，图 13-1 表明，当磁场从 H_s 逐渐减小至零，磁感应强度 B 并不沿起始磁化曲线恢复到 O 点，而是沿另一条新曲线 SR 下降，比较线段 OS 和 SR 可知，H 减小 B 相应也减小，但 B 的变化滞后于 H 的变化，该现象称为磁滞，磁滞的明显特征是当 $H = 0$ 时，B 不为零，而保留剩磁 B_r。

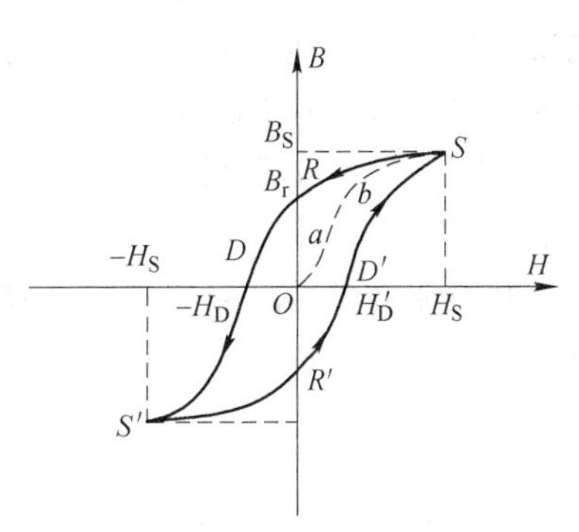

图 13-1　铁磁材料的起始磁化曲线和磁滞回线

当磁场反向从 O 逐渐变至 $-H_D$ 时，磁感应强度 B 消失，说明要消除剩磁，必须施加反向磁场，H_D 称为矫顽力，它的大小反映铁磁材料保持剩磁状态的能力，线段 RD 称为退磁曲线。

图 13-1 还表明，当磁场按 $H_s \to O \to H_D \to -H_s \to O \to H_D \to H_s$ 次序变化，相应的磁感应强度 B 则沿闭合曲线 $SRDS'R'D'S$ 变化，这条闭合曲线称为磁滞回线，所以，当铁磁材料处于交变磁场中时（如变压器中的铁芯），将沿磁滞回线反复被磁化→去磁→反向磁化→反向去磁。在此过程中要消耗额外的能量，并以热的形式从铁磁材料中释放，这种损耗称为磁滞损耗。可以证明，磁滞损耗与磁滞回线所围面积成正比。

应该说明，当初始态为 $H = B = 0$ 的铁磁材料，在交变磁场强度由弱到强依次进行磁化，可以得到面积由小到大向外扩张的一簇磁滞回线，如图 13-2 所示。这些磁滞回线顶点的连线称为铁磁材料的基本磁化曲线，由此可近似确定其磁导率 $\mu = B/H$，因 B 与 H 的关系呈非线性，故铁磁材料 μ 的值不是常数，而是随 H 而变化，如图 13-3 所示。铁磁材料相对磁导率可高达数千乃至数万，这一特点是它用途广泛主要原因之一。

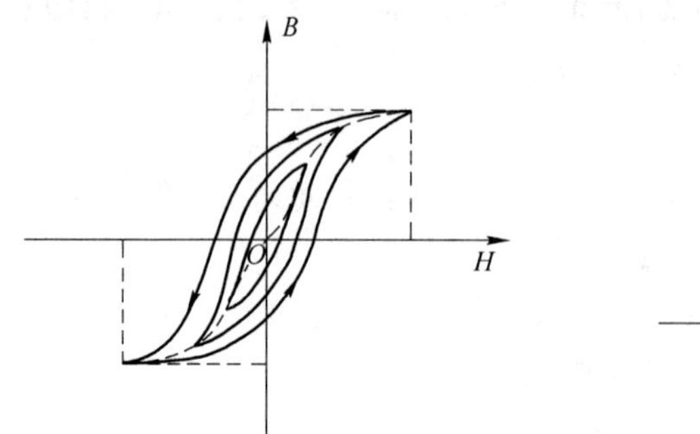

图 13-2　同一铁磁材料的一簇磁滞回线

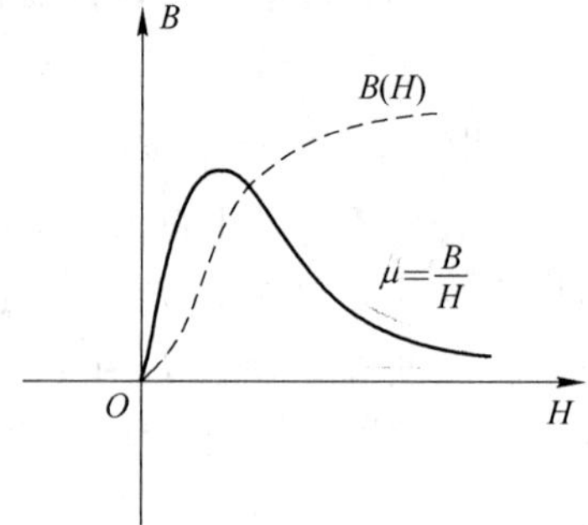

图 13-3　铁磁材料与 H 的关系

可以说磁化曲线和磁滞回线是铁磁材料分类和选用的主要依据，图 13-4 所示为常见的两种典型的磁滞回线。其中软磁材料磁滞回线狭长、矫顽力、剩磁和磁滞损耗均较小，是制造变压器、电机和交流磁铁的主要材料。而硬磁材料磁滞回线较宽，矫顽力大，剩磁强，可用来制造永磁体。

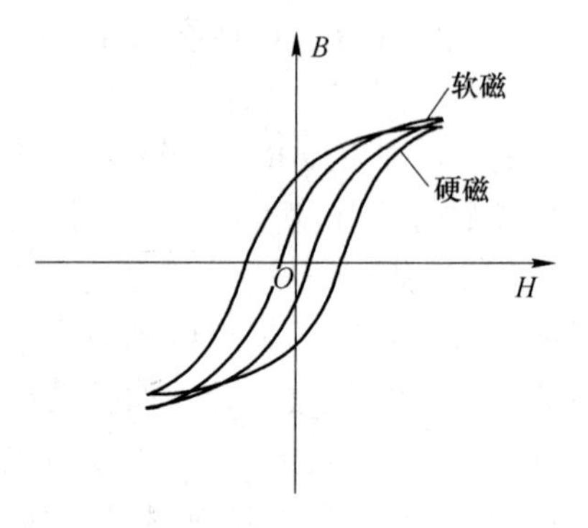

图 13-4　不同材料的磁滞回线

（二）用示波器观察和测量磁滞回线的实验原理和线路

观察和测量磁滞回线和基本磁化曲线的线路如图 13-5 所示。

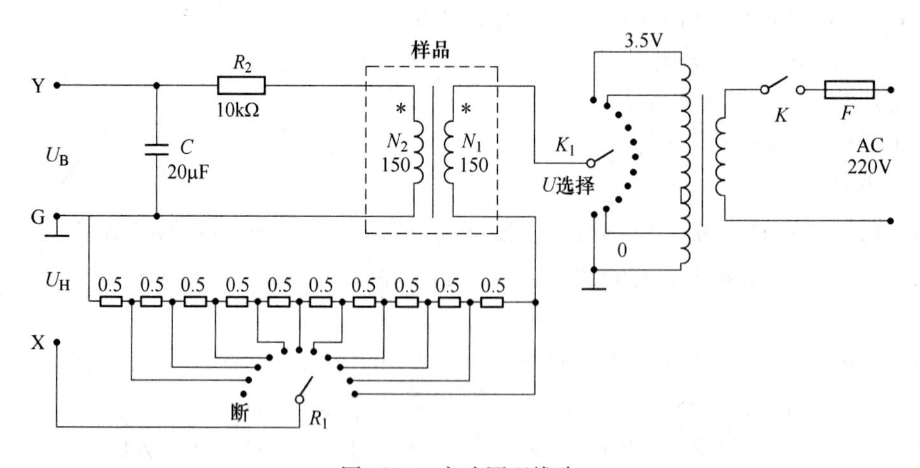

图 13-5　实验原理线路

待测样品 EI 型硅钢片，N_1 为励磁绕组，N_2 为用来测量磁感应强度 B 而设置的绕组。R_1 为励磁电流取样电阻。假设通过 N_1 的交流励磁电流为 i，根据安培环路定律，样品的磁化场强为：

$$H=\frac{N_1 i}{L} \tag{13-1}$$

L 为样品的平均磁路长度，其中：

$$i=\frac{U_H}{R_1}$$

所以有
$$H=\frac{N_1}{LR_1}\cdot U_H \tag{13-2}$$

式中，N_1、L、R_1 为已知常数，所以由 U_H 可确定 H。

在交变磁场下，样品的磁感应强度瞬时值 B 是测量绕组和 R_2C 电路给定的，根据法拉第电磁感定律，由于样品中的磁通 Φ 的变化，在测量线圈中产生的感生电动势的大小为：

$$\varepsilon_2=N_2\frac{\mathrm{d}\varphi}{\mathrm{d}t}$$

$$\varphi=\frac{1}{N_2}\int\varepsilon_2\mathrm{d}t$$

$$B=\frac{\varphi}{s}=\frac{1}{N_2S}\int\varepsilon_2\mathrm{d}t \tag{13-3}$$

式中，S 为样品的截面积。

如果忽略自感电动势和电路损耗，则回路方程为：

$$\varepsilon_2=i_2R_2+U_B \tag{13-4}$$

式中 i_2——感生电流；

U_B——积分电容 C 两端电压。

设在 Δt 时间内，i_2 向电容的 C 充电电量为 Q，则

$$U_B=\frac{Q}{C}$$

$$\varepsilon_2=i_2R_2+\frac{Q}{C} \tag{13-5}$$

如果选取足够大的 R_2 和 C，使 $i_2R_2\gg Q/C$，则式（13-5）简化为：

$$\varepsilon_2=i_2R_2$$

$$i_2=\frac{\mathrm{d}Q}{\mathrm{d}t}=C\frac{\mathrm{d}U_B}{\mathrm{d}t}$$

则：
$$\varepsilon_2=CR_2\frac{\mathrm{d}U_B}{\mathrm{d}t} \tag{13-6}$$

由式（13-3）和式（13-6）两式可得：

$$B=\frac{CR_2}{N_2S}U_B \tag{13-7}$$

式中，C、R_2、N_2 和 S 为已知常数，所以由 U_B 可确定 B。

综上所述，只要将图13-5中的 U_H 和 U_B 分别加到示波器的“X 输入”和“Y 输入”便可观察样品的 B-H 曲线，并可用示波器测出 U_H 和 U_B 值，进而根据式（13-2）和式（13-7）分别计算出 B 和 H；用同样方法，还可求得饱和磁感应强度 B_S、剩磁 R_r、矫顽力 H_D、磁滞损耗 W_{BH} 以及磁导率 μ 等参数。

三、实验设备及材料

（1）DH4516 型磁滞回线实验仪，由励磁电源、实验面板等组成。
（2）示波器。
（3）专用连接导线。
（4）样品 1 和样品 2 均采用 EI 型铁芯。

四、实验内容及操作步骤

（一）仪器组成

仪器由励磁电源、试样、实验面板和其他器件组成。

1. 励磁电源

由变压器对 220V、50Hz 市电进行隔离、降压后，提供样品的磁化电压，共分 11 挡，即 0V、0.5V、0.9V、1.2V、1.5V、1.8V、2.1V、2.4V、2.7V、3.0V 和 3.5V，通过波段开关可选择不同的磁化电压。

2. 样品

样品 1 和样品 2 均采用 EI 型铁芯，其尺寸（平均磁路长度 L 和截面积 S）相同，但磁导率不同。两者的励磁绕组匝数 N 和测量绕组的匝数也相等。数值分别为 $N_1=150$，$N_2=150$，$L=75\text{mm}$，$S=120\text{mm}^2$。

3. 实验面板及其他元件

面板上装有电源开关、样品 1、样品 2 励磁电源“U 选择”和励磁电流的取样电阻“R_1 选择”，以及为测量磁感应强度 B 所设定的积分电路元件 R_2、C 等。

以上元件用专用导线连接就可进行实验。另外面板左边还有 U_B、U_H 的输出插孔，用来连接示波器，以观察磁滞回线或用交流毫伏表进行测量。

（二）测试仪面板布置图

如图 13-6 所示，显示输出选用点阵式液晶显示器。

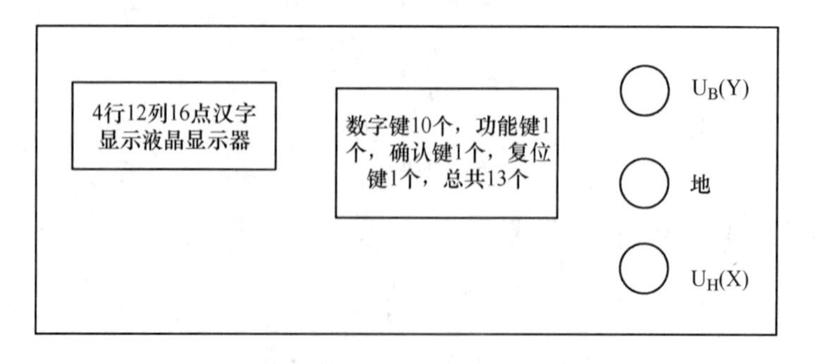

图 13-6 测试仪面板示意图

（三）测试仪所用参数及瞬时 H 与 B 的计算公式

测试仪所用参数：

L——待测样品平均磁路长度 $L=75\text{mm}$

S——待测样品横截面积　$S = 120\text{mm}^2$

N——待测样品励磁绕组匝数　$N = 50$

n——待测样品磁感应强度 B 的测量绕组匝数　$n = 150$

R_1——励磁电流取样电阻　$R_1 = 0.5 \sim 5\Omega$

R_2——积分电阻　$R_2 = 10\text{k}\Omega$

C_2——积分电容　$C_2 = 20\mu\text{f}$

计算公式：

$$H = NU_{\text{H}}/(LR_1)$$
$$B = U_{\text{B}}R_2C_2/(nS)$$

（四）实验内容

（1）电路连接：将样品 1 按照实验仪上所给的电路图连接线路，并令 $R_1 = 2.5\Omega$，“U 选择”置于 0 位。U_{H} 和 U_{B} 分别接示波器的“X 输入”和“Y 输入”，插孔为公共端。先用示波器观测磁滞回线图，正常后，将实验仪与测试仪连接。

（2）样品退磁：开启实验仪电源，对试样进行退磁，即顺时针方向转动“U 选择”旋钮，令 U 从 0 增至 3V。然后逆时针方向转动旋钮，将 U 从最大值降为 0。其目的是消除剩磁。确保样品处于磁中性状态，即 $B = H = 0$，如图 13-7 所示。

（3）观察磁滞回线：开启示波器电源，令光点位于坐标网格中心，令 $U = 2.2\text{V}$，并分别调节示波器 X 和 Y 轴的灵敏度，使显示屏上出现图形大小合适的磁滞回线（若图形顶部出现编织状的小环，如图 13-8 所示，这时可降低励磁电压 U 予以消除）。

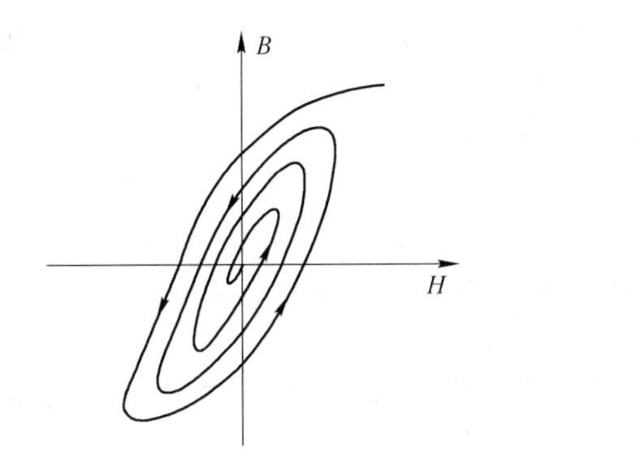

图 13-7　退磁示意图

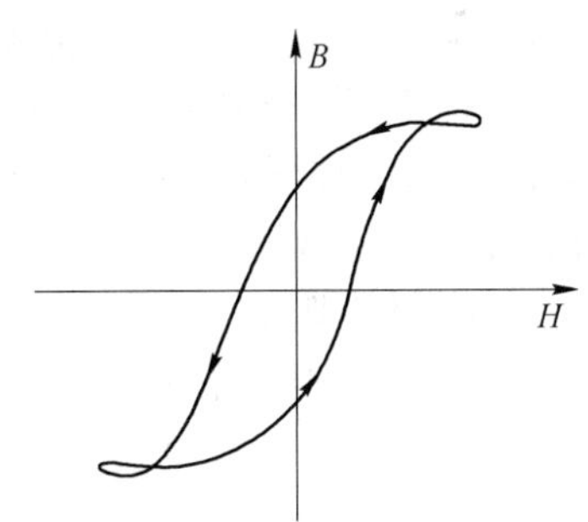

图 13-8　调节不当引起的畸变现象

（4）观察基本磁化曲线：按步骤（2）对样品进行退磁，从 $U = 0$ 开始，逐挡提高励磁电压，将在显示屏上得到面积由小到大一个套一个的一簇磁滞回线。记录下这些磁滞回线顶点的连线就是样品的基本磁化曲线。另外，如果借助长余辉示波器，便可观察到该曲线的轨迹。

（5）调节 $U = 3.0\text{V}$，$R_1 = 2.5\Omega$，测定样品 1 的一组 U_{B}、U_{H} 值。并根据已知条件：$L = 75\text{mm}$，$S = 120\text{mm}^2$，$N_1 = 150$，$N_2 = 150$，$C = 20\mu\text{F}$，$R_2 = 10\text{k}\Omega$，计算出相应的 B 和 H 的值。

（6）根据得到的 B 和 H 的值作 B-H 曲线，根据曲线求得 B_{m}、B_{r} 和 H_{c} 等参数。并估

算曲线的面积来求得 W_{BH}。

（7）测绘 μ-H 曲线：依次测定 U=0.5V，1.0V，…，3.5V 时的十组 U_B、U_H 值，计算出相应的 H_m、B_m 和 μ 值，作 μ-H 曲线。

（8）观察、测量并比较样品1和样品2的磁化性能。

（五）实验操作步骤

1. 测试仪面板

分别打开测试仪、实验仪电源。测试仪液晶显示器显示“欢迎使用磁滞回线测试仪”。按键依据以下规程操作：

（1）功能键：用于选取操作功能，每按一次键，将在液晶显示器上显示相应的功能。

（2）确认键：当选定某一功能后，按下此键，即可执行功能。

（3）数字键（0~9）：可用于修改参数，当修改完参数后，按一下确认键，修改即有效，否则修改无效。

（4）复位键：开机后，液晶显示器显示“欢迎使用磁滞回线测试仪”。当测试过程中由于某种干扰，出现工作不正常时，应按此键，使测试仪又重新恢复正常工作。

2. 测试仪操作

（1）显示和修改所测样品的 N 与 L 值：开机或复位后，液晶显示器显示“欢迎使用磁滞回线测试仪”，按功能键，显示“N=0050匝”“L=060.0mm”，如要修改参数值，可以按数字键，在修改完后，按确认键，认可修改参数。注意：首位数字“0”需要按。

（2）显示和修改所测样品的 n 与 S 值：按功能键，显示“n=0150匝”　“S=080.0mm^2”，如要修改参数值，可以按数字键，在修改完后，按确认键，认可修改参数。

（3）显示和修改电阻值 R_1：按功能键，显示“R_1=0.5Ω”，如要修改参数值，可以按数字键，在修改完后，按确认键，认可修改参数。

（4）显示和修改电阻值 R_2：按功能键，显示“R_2=10.0kΩ”，如要修改参数值，可以按数字键，在修改完后，按确认键，认可修改参数。

（5）显示和修改电阻值 C_2：按功能键，显示“C_2=20.0μf”，如要修改参数值，可以按数字键，在修改完后，按确认键，认可修改参数。

（6）数据采集和显示：按功能键，等待片刻后将显示“采集完成”，说明数据已采集完成；按一次确认键显示一组 H-B 数据，数据显示格式如下：

n=×××
H=×××××
B=×.××

其中，第一行显示当前的数据序号，第二行显示当前的磁场强度，第三行显示当前的磁感应强度。

（7）显示每周期采样的总点数 n 和测试信号的频率 f。按功能键将显示如下：

n=×××
f=××.×

（8）显示磁滞回线的矫顽力和剩磁。按功能键，显示如下：

矫顽力 = ××××   剩磁 = ××.×

（9）显示样品的磁滞损耗和 H-B 的相位差。按功能键，显示如下：

磁滞损耗 = ××××   H-B = ×××.×

五、实验报告要求

（1）写出实验目的及内容。

（2）简述实验原理及操作要点。

（3）根据实验得到的基本磁化曲线（B-H 曲线），利用 $B=\mu H$ 关系式，绘出 μ-H 的关系曲线，并分析其实际意义。

（4）测绘样品的磁滞回线，估算其磁滞损耗。

思考题

（1）测定铁磁材料的基本磁化曲线与磁滞回线各有什么意义？

（2）什么是磁化过程的不可逆性？

实验14 固体材料弹性模量的测定

一、实验目的

（1）了解动态固体材料弹性模量测试的原理。
（2）掌握动态弹性模量测定的方法与试验步骤和对试样的要求。
（3）掌握振幅、频率的设置方法。

二、原理概述

弹性模量是指当有力施加于物体或物质上时，其弹性变形（非永久变形）趋势的数学描述，它反映了固体材料原子间结合力的大小，是反映材料抵抗弹性变形能力的指标，是工程材料重要的性能参数。另外，它对材料内部结构的致密程度有较敏感的对应关系。

弹性模量主要包括剪切模量、杨氏模量和体积模量等，三种模量均为材料的力学性能指标，是表征固体材料弹性性质的重要力学参数，反映了固体材料抵抗外力产生形变的能力。弹性模量也是进行热应力计算、防热与隔热层计算、选用机械构件材料的主要依据之一。因此，精确测量弹性模量对理论研究、对结构材料的评价和工程技术都具有重要意义。

常用的测量固体材料的弹性模量的方法有很多种，如纵波共振法、超声脉冲回波法、脉冲激励法、四点弯曲法、超声共振频谱法等，其中超声共振频谱法具有最高的精确度和重复性。超声共振频谱法的首次描述是在1987年，它是一种测量固体弹性模量的技术和方法，通过测量固体材料的超声共振频率，得到高Q值、小尺寸的硬质材料的弹性模量，因为超声共振频谱法测量的是小尺寸固体的动态谐振频率，测量时对被测样品施加连续的频率激励，属于超声波范畴，所以它不适合测量静态和低频的材料。本实验采用动态弹性模量的测定方法。

弹性模量分静态弹性模量和动态弹性模量，对金属材料的弹性模量的测定已有相应的国家标准规定，见GB/T 22315—2008《金属材料弹性模量和泊松比试验方法》。

（一）静态弹性模量

国标定义为试样施加轴向力在其弹性范围内测定相应的轴向变形和横向变形，以便测定其一项或几项力学性能。在合适的万能材料试验机上，用弯曲试样或拉伸试样以较低的位移速率进行弯曲或拉伸，测定应力（σ）与应变（ε）的关系，进而求得静态弹性模量：

$$E=\frac{\sigma}{\varepsilon} \tag{14-1}$$

（二）动态弹性模量

动态法包括共振法（敲击法）、超声法。最常用的是共振法，共振法包括弯曲（横向）共振法、纵向共振法和扭转共振法，其中弯曲共振法所用设备精确易得，理论同实验吻合度好，且能同步评价材料的抗热震性，适用于各种金属及非金属（脆性）材料的测量，测定的温度范围极广，可从液氮温度至3000℃左右。由于在测量上的优越性，动态法在实际应用中已经被广泛采用，也是国家标准 GB/T 2105—1991《金属材料杨氏模量、切变模量及泊松比测量方法》推荐使用的测量杨氏弹性模量的一种方法。本实验用共振法（敲击法）。

1. 共振法的定义

共振法是以一个连续可变的振动波，激发试样，测定试样在纵向或弯曲振动时本身固有的共振频率。固体试样在受敲击力激发后将产生瞬变响应受迫振动，该响应取决于外力的大小方向和位置、材料本身性质、试样的质量分配以及支承条件等因素。当外力消失后，试样所贮存的能量总有一部分在阻尼或黏滞过程中耗散，故试样将呈自由阻尼振动，振动过程是相当复杂的，可视为各种振型的波的叠加，其中只有基型振动储有最大的能量，其他振型贮存的能量较少，且容易衰减。当振动波与试样本身的固有频率一致时，振幅最大，延时最长。动态弹性模量测定仪通过测试探针或测量话筒将振动波转换成电信号，经特定的信号识别电路准确地对基频信号进行分析、判断，选出基频，从而测出试样的固有频率。再由相关公式和数据计算出试样的动态弹性模量。测试简便，过程迅速。

2. 共振法的基本原理

已知弹性体的固有振动频率取决于它的形状、体积密度和弹性模量，所以对于形状和体积密度已知的试样，如测定其固有振动频率，则可求得弹性模量。试样应为规则的矩形棱柱或圆棒。圆棒状试样只适用于弯曲响应的实验。测定方法是一个可以连续变化的频率的声频振荡器激发试样一端，测量材料的固有振动频率，按下式计算：

$$E = CMf^2 \tag{14-2}$$

式中　C——常数，与试样尺寸、几何形状及材料泊松比有关；

M——试样质量；

f——横向弯曲振型的基频，可用共振法或敲击法来测定。

三、实验设备与试样

（1）IET-01 型固体材料弹性模量测试仪；适用于共振频率（基频）0. 05 ~ 22kHz 的各种弹性体试样。

（2）游标卡尺（精度 0. 02mm，量程 250mm），螺旋测微计（精度 0. 01mm），天平（量程 200g，精度 0. 1mg）。

（3）电热干燥烘箱。

（4）已制备好的试样。

常用为矩形截面长条状试样，应从待测制品上切取或按待测制品相同工艺制成，其长（L）、宽（b）、厚（h）应满足一定比例，如 $3 < L/h < 24$，参考尺寸为：L 为 150 ~ 250mm，b、h 为 8 ~ 12mm；相对面的平行度不大于 0. 02mm，端面应平整，表面应磨光。按国标要求，每组试样应不少于 5 个。

四、实验内容与步骤

（一）试样准备

（1）试样制备：按试样要求的标准进行。

（2）试样尺寸：标准尺寸为100mm×30mm×10mm（条状），ϕ10mm×100mm（棒材）；试样尺寸可做适当调整，但必须保证在传感器的测量范围以内。

（3）试样干燥：试样经干燥处理，在试验允许的干燥箱及室内干燥处干燥，冷却至室温，测量试样的长度 L、宽度 b、高度 h，单位取 mm，精确至0.01mm，称量试样的质量，单位取 g，精确至0.01g。

（二）测试系统简介

测试系统由计算机、采集模块、传感器、试样支架、传感器支架及激励器等六部分构成，如图14-1所示。

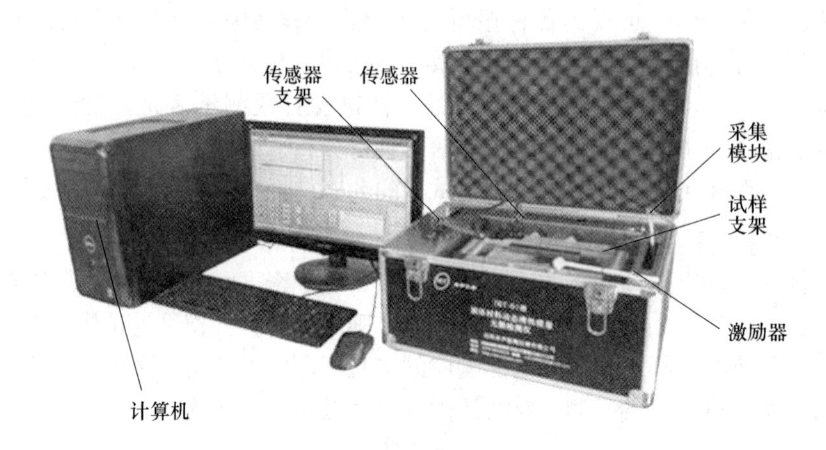

图14-1 测试系统组成图

（三）程序界面介绍

1. 界面说明

双击打开桌面的弹性模量测试软件，显示如图14-2所示的界面。图中分区及各部功能如下：

（1）左上部为阻尼图，主要功能是显示试样在受激励时对声子在材料内部传播过程中的能量衰减状况，依此获得材料的阻尼比（内耗）。

（2）右上部为固有频率-振幅曲线图。可直观地观察材料的固有频率（弯曲频率和扭曲频率），对于非均质的材料，会出现多个峰值，激励力度过大偶尔也会出现多个峰值，属正常现象，应轻轻地敲击。

（3）右上部图中可通过左右移动红色竖线实时选择试样的固有频率，并显示该位置的固有频率、杨氏模量或剪切模量。

（4）左下部为试样形状选择，可选择不同形状的试样，如条状、棒状，条状试样依据尺寸规格的不同可选择测试 E、G、U 或者单独测试 E。

（5）下半部中间为试样基本参数设置，包括试样的质量、长度、宽度及高度，试验之前应首先测试该参数，以及设置频率区域，设置的目的主要是截频，将试样的弯曲频率和扭曲频率设定到两个没有交集的范围，利于后台试验模量结果的处理，详细操作参见下文。

（6）下半部中间部分其次为动态显示部分，显示单个试样的测试结果。

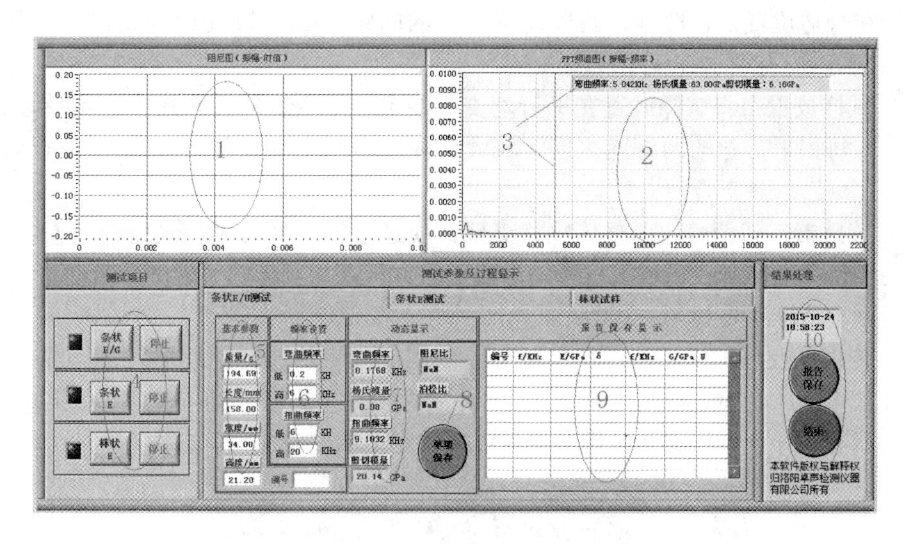

图 14-2　软件操作界面

（7）下半部靠右部分为本次试验单个试样的保存结果。

（8）右下部分为多个试样保存后的总体结果，报告保存键和结束试验键。

2. 功能键说明

（1）“条状 E/U”：可测试试样的杨氏模量 E、剪切模量 G 及泊松比 μ，但需要试样的宽度和厚度比值大于 2，比值越大，剪切模量信号越明显。

（2）“条状 E”：可测试试样的杨氏模量 E，试样的宽度和厚度比值一般 1 ~ 2 之间，此时杨氏模量共振峰最明显，剪切模量的峰值最弱。

（3）“棒状 E”：可测试试样的杨氏模量 E，此时杨氏模量共振峰最明显，剪切模量的峰值最弱。

（4）“棒状 E（HB）”可测试试样的杨氏模量 E，此项只适用于标准 HB 5367.11—1986《碳石墨密封材料弹性模量试验方法》。

（5）“单项保存”：可对两个试样进行试验，单击该按钮，进行当前试样测试结果保存，试验结果显示在右侧“报告保存显示”栏中。

（6）“报告保存”：保存本次试验中所有试样的测试结果，点击此按钮后，输入“文件名称”，保存所有编号的试样，保存文件位置为 D：/试验结果，以 Excel 文件形式保存。

3. 软件操作注意事项

程序左上角第二排依次是：>“运行”按钮、>“停止运行”按钮、>“暂停运行”按钮（一般不用）。

试验开始时，首先点击运行按钮，试验开始；点击停止按钮，试验结束。运行过程中任意时间均可点击停止按钮，此时运行按钮无效。

注意：点击按钮时，可能会导致测试数据丢失，一般情况下不建议点击此按钮。

（四）试验操作准备

（1）试样支撑丝的调整：通过松/紧滑块螺母、移动滑块，调整试样支架横向的支撑丝，是否在合适位置，一般地，两横向平行丝的间距为0.5521（即为试样长度的0.552倍），每根平行丝有两根细丝组成。

（2）试样放置：将试样放置在平行丝支撑线上，如果试样过小敲击容易移动，可将试样夹持在每根平行丝的两细丝之间，较大试样敲击时不移动的可直接放置试样到支撑丝上。

（3）传感器支架调整：调整传感器支架，通过紧松大螺母调整悬臂前后左右及高度位置，使插传感器端部在试样长度一端中心正上方位置，具体的位置参考激励位置的图片或者参考标准 ASTM E 1876—2009。

（4）传感器放置：松开固定杆上传感器的螺母，将传感器缓缓插入，放置在合适位置，再拧紧螺母。具体试样高度在5～10mm，注意不得让传感器与任何部件碰撞，以防损坏传感器。试样、试样支架、传感器、传感器支架调整完成后，如图14-3所示。

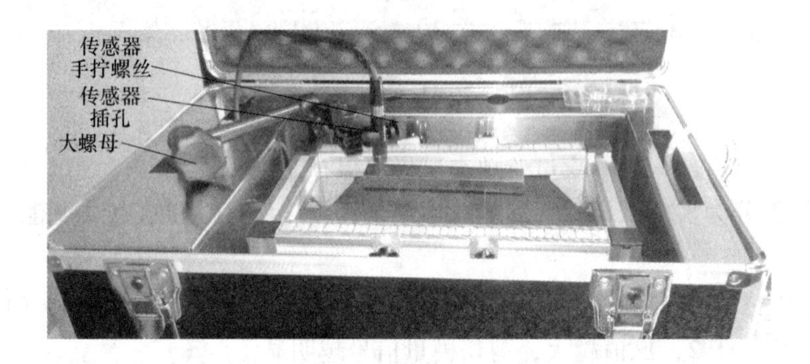

图14-3 试样、试样支架、传感器及传感器支架相对位置图

（5）激励位置：不同测试项目的试样激励位置不同，可参考图14-4，也可依据标准 ASTM E 1876—2015。

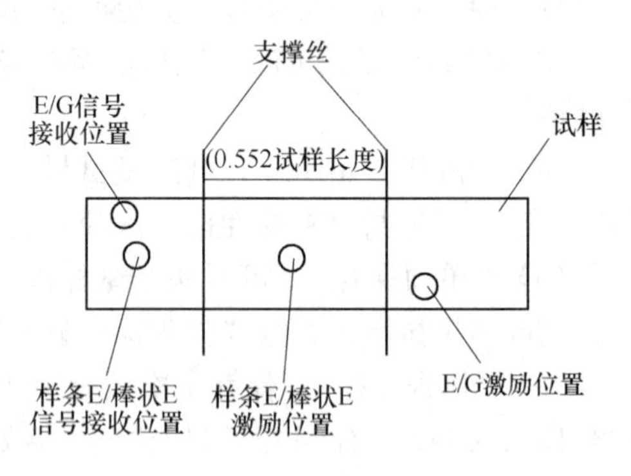

图14-4 激励位置图

（五）试验操作步骤

1. 运行开始

首先打开程序，点击程序界面右上角的“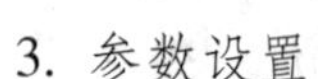”按钮。

2. 测试项目

依据试样形状选择不同测试项目，分为长条状和圆棒状试样。

3. 参数设置

单击“条状E/G”左键。参数设置方法如下：

（1）基本参数：在基本参数栏中依次输入试样的质量、长度、宽度、高度及编号，此时试样参数设置完成。

轻轻敲击试样中心部位，并观察操作软件的频谱图出现尖锐明显的波峰即可，不可用力过大，以防损坏试样，同时引入杂波，初次操作可多试几次观察频谱图的变化以确定敲击力度，不同材质的试样所需敲击力度会有所不同。

（2）振幅设置：振幅设置的主要目的是为了防止周围环境对测试信号的干扰。设置好振幅值，一般小声说话或一些小的碰撞等杂音对测试不影响，波形图及频谱图保持不变，只有在敲击试样后才会发生瞬间变化。振幅设置需注意：

1）敲击样品中部后观察右侧频谱图，会发现有很明显的尖锐波峰（不同尺寸的样品也可能会出现多个波峰，为了避免多峰的干扰，尽量按厂家提供的尺寸制备样品），一般最大振幅处对应频率最小，此频率为试样的弯曲频率。

2）振幅设定值一般为最高振幅的 2/3，图 14-5 显示最大振幅约为 0.14，此时振幅设定值为 0.1，由于每次敲击力度不同，一般以首次最小力度敲击的为准。

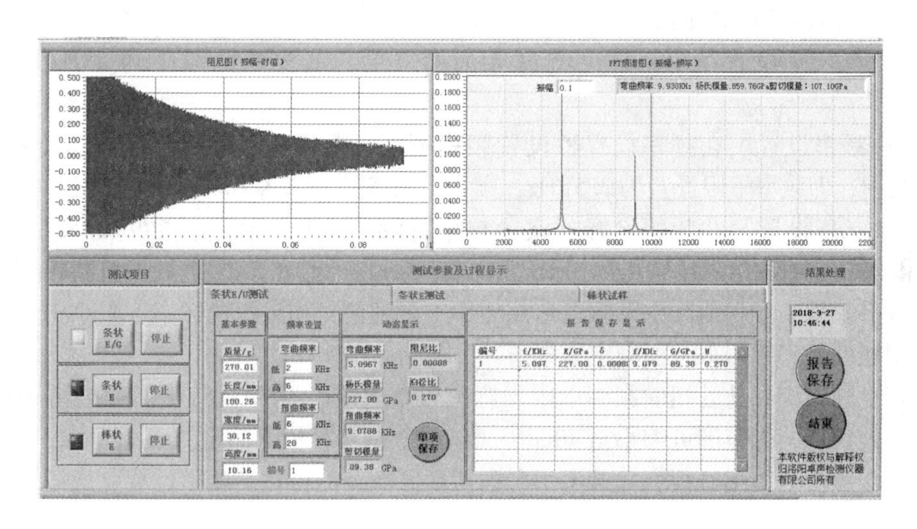

图 14-5　E/G 测试界面

（3）频率设置：频率设置的目的是排除其他波峰对测试结果的影响，尤其是宽度/厚度 >5 以上的试样，出现多个谐振峰，需要设置合理的频率范围。频率设置包括：

1）弯曲频率的判断：按照图 14-6 的敲击和信号接收的位置，很轻地敲击试样，观察频谱图，同时观察“动态显示栏”的弯曲频率和杨氏模量值，观察杨氏模量值是否为材料的杨氏模量（一般不同频率对应的杨氏模量至少有一个数量级的差别，所以很容易判断是否为该材料的真实杨氏模量），从而确定弯曲频率的大小。一般地第一个很明显的独立波峰对应的频率为样品的弯曲频率，按要求制备的试样一般仅会出现一个波峰，如果力度过大，会激发出试样的其他频率。

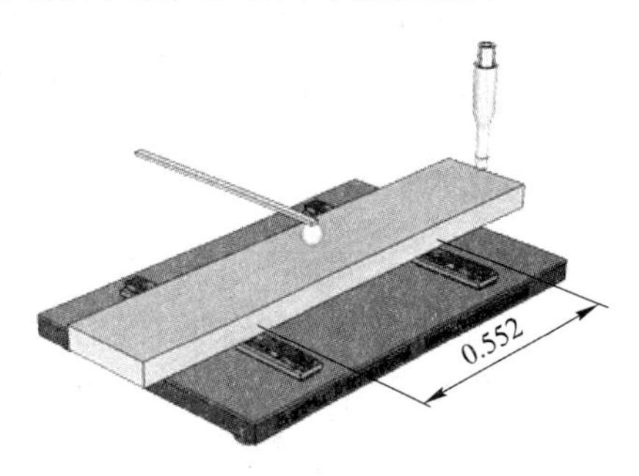

图 14-6　敲击和信号接收的位置图

注：初次操作请多次观察敲击力度对激发样品频率的影响，对于振动阻尼小的材料，敲击时会听到明显的回音，这时会观察到频谱图在逐步衰减，直至振幅降至振幅设定值，频谱图停止不变，这时测得的结果最接近理论值。针对阻尼相对较大的材料，轻击试样时出现独立波峰即可。

2）弯曲频率设置：在“频率设置”中设置弯曲频率。

3）扭曲频率的判断：扭曲频率只针对“条状 E/G”测试项目，扭曲频率的判断依据剪切模量和泊松比。对于各向同性材料，泊松比范围为 0～0.5；对于各向异性材料，泊松比范围为 －0.5～0.5。

由于弯曲频率已定，即杨氏模量近似值已定，敲击试样时，按照激励位置图 14-4 所示位置敲击试样和接收信号。

观察“动态显示栏”中扭曲频率、剪切模量及泊松比，重点观察泊松比是否在正常范围之内，如果是，对应的扭曲频率即为当前显示频率，如果泊松比不在正常范围之内，观察频谱图其他波峰，重新设置扭曲频率的范围，然后再次敲击试样，观察泊松比大小，直至泊松比在合适范围之内。

4）固有频率设置：在“E/G 测试界面图”中，试样弯曲频率约 5kHz、扭曲频率 9kHz。

“弯曲频率设置”在频率设置栏设置频率下限、频率上限分别为 5kHz ±（5 ×0.5）kHz 的范围，即频率下限设置为 2.5kHz，频率上限设置为 7.5kHz。

“扭曲频率设置”在频率设置栏设置频率下限、频率上限分别为 9kHz ±（9 ×0.5）kHz 的范围，即频率下限设置为 4.5kHz，频率上限设置为 13.5kHz。如果扭曲频率下限大于弯曲频率上限，则扭曲频率下限取弯曲频率上限的值，如果扭曲频率下限小于弯曲频率上限，则扭曲频率下限取弯曲频率上限值。

根据上述原则，此处扭曲频率下限、弯曲频率上限可设为 7.5kHz。如果由于样品的原因有杂波出现，则范围可缩小至 40%、30%，依据实际情况而定。

操作步骤参考上述过程，只是不用考虑扭曲频率及泊松比。频率设置完成后，再次激励试样。

（4）测试试样：参数依次输入后，振幅设置完成，频率设置完成后，依据“激励位置图”轻轻激励样品，观察动态显示栏中杨氏模量、剪切模量及泊松比的值，确保其值正常。

（5）试样单项结果保存：单个试样数据保存，敲击试样后观察“动态显示”栏杨氏模量、剪切模量、泊松比及阻尼比试验数据，如要选择保存该结果，请单击“单项保存”按钮，软件保存数据，并显示单项结果保存完成。

第二个试样测试，重复测试试样、单个试样保存过程，完成第二个试样测试。本次试验最多保存 15 个试样测试结果。

（6）结果保存：所有试样测试完毕后，点击“结果处理”栏左侧“报告保存”按钮，将弹出对话窗口，依据提示在该窗口输入此次试样的相关信息，点击保存，报告将自动保存至“D：/试验结果”文件夹中，依据文件名称查询测试结果。

（7）试验结束：首先点击左侧“测试项目”中与亮灯项对应的“停止”按钮，左侧灯灭，然后点击“结束”按钮，整个试验结束。拷贝试验结果后关闭计算机。

五、注意事项

（1）仪器应放在阴凉干燥、无磁场、振动小的地方，保证读数误差小。

（2）试验过程中应保持环境安静，避免受潮，周围环境的噪声尽可能小。

（3）敲击时用力适当，避免使试样移动和探测传感器位置偏移。

（4）注意爱护试样，避免损坏。

（5）保存文件名称项必须填写，否则会覆盖上一个测试文件。

（6）一般样品尺寸须满足 $L/h \geqslant 4$，可以测试杨氏模量，如果需要测试剪切模量和泊松比，满足 $L/h \geqslant 5$ 的同时还须满足 $b/h \geqslant 2.5$ 以上，该值越大剪切信号越强，但不得大于 5。

六、实验报告要求

（1）实验目的、实验原理。

（2）试样名称、材料类别、试样状态（质量、尺寸等）。

（3）实验操作步骤。

（4）实验操作的要求与注意事项。

思考题

（1）影响材料弹性模量的主要因素有哪些？

（2）试从敲击法的试验过程看，出现异常值的原因有哪些，如何防止？

第3章　热工基础实验

实验15　工业热电偶的检定

一、实验目的

（1）通过实验掌握工业热电偶的检定过程，了解热电偶的基本特性。

（2）测量热电偶的回路电阻，测定冷端温度对热电势的影响。

（3）了解补偿导线基本特性。

（4）学习有关检定设备的使用方法。

二、原理概述

工业热电偶的检定与分度有两个目的。其一就是保证热电偶的测量精度。检定其分度偏差是否符合国家规范，例如使用过程中定期检定。另外，就是提高热电偶的测量精度，即确定热电偶热电势和温度的关系，称为热电偶分度，供精密测量用。

热电偶检定方法，分为定点法和比较法。定点法是利用纯金属的熔点或凝固点温度作为标准，使用温度指定点给出正确温度值，然后再进行校验的方法，对标准热电偶进行分度。工作热电偶通常采用比较法进行检定。利用被检热电偶和标准热电偶在相同的条件下测得的数据进行对比，以标准热电偶为标准，求出被检热电偶的误差。在0～300℃范围内检定时，在恒温水浴（0～100℃）和恒温油浴（200～300℃）中进行。与标准铂电阻温度计或标准水银温度计进行比较。在300～1600℃范围内，在标准电阻炉中与标准热电偶进行比较。

（一）热电偶测温原理

两种不同的导体或半导体A、B组成一个闭合回路，如图15-1所示。如果两个接点的温度T和T_0不相同，则在回路中会产生电势，这种现象称为热电效应。该电势通常称为热电势，记为$E_{AB}(T,T_0)$。由两种不同材料A、B构成的这种热电变换元件称为热电偶，导体A、B为热电极。两个接点，一个为热端（T），称为测量端或工作端；另一个为冷端（T_0），称为自由端或参考端。

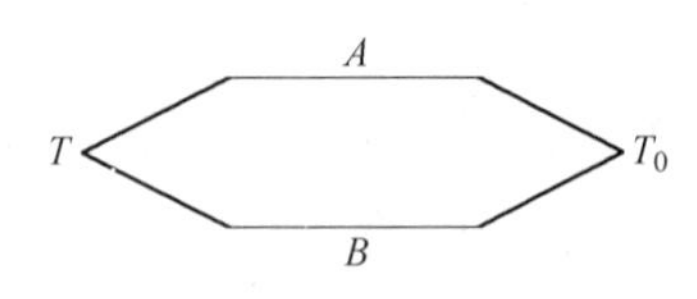

图15-1　热电偶测温原理图

因此，热电偶是一种换能器，它将热能转变为电能，用所产生的热电势来测量温度。该热电势由接触电势和温差电势两部分组成。

（二）热电偶检定和分度的技术要求

国家标准GB/T 16839. 1—2018《热电偶　第1部分：电动势规范和允差》对热电偶的允差规定应符合表15-1的要求。

注：(1) 表 15-1 涉及的温度极限不一定推荐为极限工作温度。

(2) 为进行试验，测量端与自由端之间的导体（即热电偶本身）应没有不连续的情况。

表 15-1　热电偶允差等级（参比端为 0℃）

热电偶类型		允差值（±℃）和有效温度范围		
		1 级	2 级	3 级
T 型	温度范围	−40～350℃	−40～350℃	−200～40℃
	允差值	0.5 或 0.004×$\lvert t \rvert$	1 或 0.0075×$\lvert t \rvert$	1 或 0.015×$\lvert t \rvert$
E 型	温度范围	−40～800℃	−40～900℃	−200～40℃
	允差值	1.5 或 0.004×$\lvert t \rvert$	2.5 或 0.0075×$\lvert t \rvert$	2.5 或 0.015×$\lvert t \rvert$
J 型	温度范围	−40～750℃	−40～750℃	—
	允差值	t<1100℃时为 1，t>1100℃时为 1+0.003×(t−1100)	1.5 或 0.0025×$\lvert t \rvert$	—
K 型、N 型	温度范围	−40～1000℃	−40～1200℃	−200～40℃
	允差值	t<1100℃时为 1，t>1100℃时为 1+0.003×(t−1100)	1.5 或 0.0025×$\lvert t \rvert$	4 或 0.005×$\lvert t \rvert$
R 型、S 型	温度范围	0～1600℃	0～1600℃	—
	允差值	—	0.01×$\lvert t \rvert$	—
B 型	温度范围	—	600～1700℃	600～1700℃
	允差值	—	0.01×$\lvert t \rvert$	—
C 型	温度范围	—	426～2315℃	—
	允差值	—	0.01×$\lvert t \rvert$	—
A 型	温度范围	—	1000～2500℃	—
	允差值	—	0.01×$\lvert t \rvert$	—

注：1. 除 C 型、A 型外，允差值可用摄氏温度偏差值表示，或用表中温度 t(ITS-90 摄氏温度)的函数表示，取两者中的较大值。

2. 廉金属热电偶丝材通常满足表中 −40℃以上温度的制造允差，然而 E、K 和 N 型热电偶在低温段可能不满足 3 级制造允差，如果要求热电偶除满足 1 级和/或 2 级外还符合 3 级允差，订货方应明确说明该要求，因为需要对丝材做挑选。

3. 对于 T 型热电偶，一种丝材难以在整个允差温度范围内同时满足 2 级和 3 级允差要求。对于这种情况，有必要缩小有效范围。

贵金属热电偶（铂铑−铂）在其每个电极上不应有两个以上的焊接点。如果电极是用两段或两段以上材料焊接的，则把焊接处降到 800℃时，在测量端和冷端温度相同的条件下所发生的热电势值，对于铂铑-铂热电偶，不应超过 ±0.2mV；对于其他贵金属热电偶来说，不应超过 ±0.015mV。

依据 GB/T 30429—2013《工业热电偶》的规定，热电偶的外观应符合以下要求：

(1) 热电偶的测量端焊接应光滑、牢固，无气孔和夹灰等缺陷，无残留助焊剂等污物。

(2) 各部分的零件装配正确，连接可靠，零件无损缺。

(3) 无断路、短路现象。

(4) 保护管内没有残留污物以及金属废屑。

(5) 在恰当部位正确地标明热电偶的极性。

(6) 外表涂层应均匀、牢固。

(7) 无显著的锈蚀和凹痕、划痕。

(三) 热电偶的检定及选择

热电偶在使用过程中，由于使用不当或者经过长时间工作后，热电偶常常会出现变质现象，即热电势与温度的对应关系遭到破坏，为了确保温度测量的准确性，要定期对工作中的热电偶进行检定，只有检定合格者才允许继续使用，不合格者则剔除报废，此外，工业现场的热电偶校对过程与本实验有许多相同之处，所以，这是一项非常接近实用的实验，如图15-2所示。本实验采用双极比较法测量。

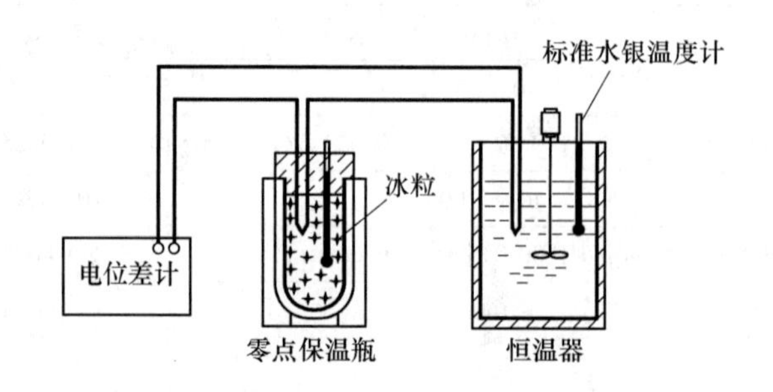

图15-2 热电偶校验装置原理图

(四) 双极、单极比较法测量数据的处理

采用双极、单极比较法测量时，被测热电偶在各检定点上的热电动势值按式(15-1)进行修正计算：

$$E_{t被} = E'_{t被} + [(E_{t标} - E'_{t标})/S_{t标}] \times S_{t被} \tag{15-1}$$

式中 $E_{t被}$——被测热电偶在测量温度点 t℃时的热电动势值，mV；

$E'_{t被}$——被测热电偶在测量温度点 t℃时测得的热电动势值，mV；

$E_{t标}$——标准热电偶证书上检定温度点 t℃时的热电动势值，mV；

$E'_{t标}$——标准热电偶测量温度点 t℃时测得的热电动势值，mV；

$S_{t标}$——标准热电偶在测量温度点 t℃时的热电动势率（塞贝克系数），μV/℃；

$S_{t被}$——被测热电偶在测量温度点 t℃时的热电动势率（塞贝克系数），μV/℃。

三、实验设备及材料

(1) ZY0020热电偶校验装置、管式加热电阻炉、炉温控制仪。

(2) UJ36直流电位差计、THS10便携式信号发生器、欧姆表。

(3) 标准热电偶、被检热电偶、补偿导线。

(4) 水银温度计、实验室用电炉、双刀双掷换向开关。

(5) 烧杯、铁架。

四、实验内容及操作步骤

本实验对热电偶采用比较检查法中的双极法检定，即使用高一级的标准热电偶与被检热电偶直接比较。检定装置示意如图 15-3 所示。

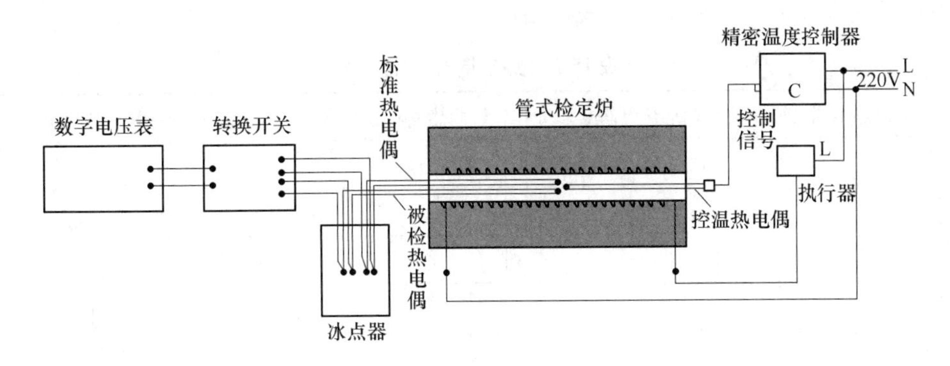

图 15-3　热电偶检定实验装置示意图

（一）实验内容

（1）要求检测一根用于有色金属时效处理炉用测控温热电偶，如 LY12 时效处理。

（2）要求检测一根用于结构钢正火用炉用控温热电偶，如 30CrMnSi 正火。

从上面要求任选定一项，或者根据所需热处理的材料及工艺，确定热电偶的种类及炉子需要标定的温度。

（3）热电偶回路电阻测量。

（4）热电偶冷端温度变化对热电势的影响。

（5）补偿导线的检定。

（二）检定方法与步骤

（1）把热电偶的保护套管去掉，首先检查热电偶外观，电极直径应均匀平直无裂纹，不应存在严重的腐蚀或明显的颈缩现象。

（2）将同一类分度号的标准热电偶与被检热电偶的热端系在一起，置于管式电阻炉的中间温度场部位。热电偶的冷端分别接于双刀双掷开关上（注意热电偶的正负极性）。用水银温度计测得冷端温度，并由分度表查得对应电势值填入表 15-2。

（3）采用双极比较法，国家标准 GB/T 16701—2010《贵金属、廉金属热电偶丝热电动势测量方法》规定，测量时炉温应控制在检测温度点的 ±5℃以内，当炉温变化每分钟不超过 0.2℃时开始测量，整个测量炉温变化不得超过 0.5℃，其测量顺序如下：

$$\begin{array}{c} 标\rightarrow被\ 1\rightarrow被\ 2\rightarrow被\ 3\rightarrow\cdots\rightarrow被\ n \\ \hfill\downarrow\ \ \\ 标\leftarrow被\ 1\leftarrow被\ 2\leftarrow被\ 3\leftarrow\cdots\leftarrow被\ n \end{array}$$

（4）待管状电炉达到规定的检定点温度，并恒定一段时间后，操作 UJ36 标准直流电位差计，分别读取标准热电偶和被检热电偶的热电势值。测量顺序为：标准→被检→标准→被检…。

（5）一般每隔 100～200℃读取一检定点，每一检定点连续读数两次，取其平均值。对铂铑 10-铂热电偶一般在 600℃开始；镍铬-镍硅及镍铬-康铜热电偶分别在 400℃和 300℃开始。有了各点读数的毫伏值，查热电偶分度表（见附录Ⅱ）可得标准热电偶测得实际温度（考虑标准热电偶的误差），就可算出被检热电偶的偏差和修正值。通过计算与

查表分别获得 $t_{标}$ 和 $t_{被}$，填入表15-2，再算出被检热电偶相对标准热电偶的误差，对照附录Ⅲ及国标的允差表，最后填写上检定结论。

表15-2　热电偶检定记录表

序号	被测热电偶电势/mV	标准热电偶电势/mV	被测热电偶温度/℃	标准热电偶温度/℃	标定误差/℃
1					
2					
3					
4					
5					

（6）UJ36型直流电位差计的使用方法：

第一步：检流计调零

1）机械调零：电源开关K2置于“断”位置，功能选择开关K1置于中间位置，调节（用小起子）检流计上机械调零钮，使检流计指针到“0”位。

2）电气调零：电源开关K2掷向“通”，此时电源接通，将功能选择开关K1置于“×1”或“×0.2”，2min后调节“调零”旋钮，使检流计指针指到“0”位。

第二步：调整工作电流

被测电压按极性接入“未知”端钮，功能选择开关K1置“标准”挡位，按下信号“B”按键，调节右上方“电流调节”旋钮，使检流计指“0”位，完成对“标准”校对。

第三步：测量未知电势

将功能选择开关K1置“测量”挡位，按下信号“B”按键，此时被测未知电势被接入，调节步进盘及滑线盘，使检流计指针指到“0”位，被测电压为两个测量盘读数与倍率的乘积。测量过程中，随着电池消耗，工作电流变化，连续使用时要经常校对“标准”使测量准确。

（7）THS10便携式信号发生器使用说明：图15-4所示为THS10便携式信号发生器接线图。

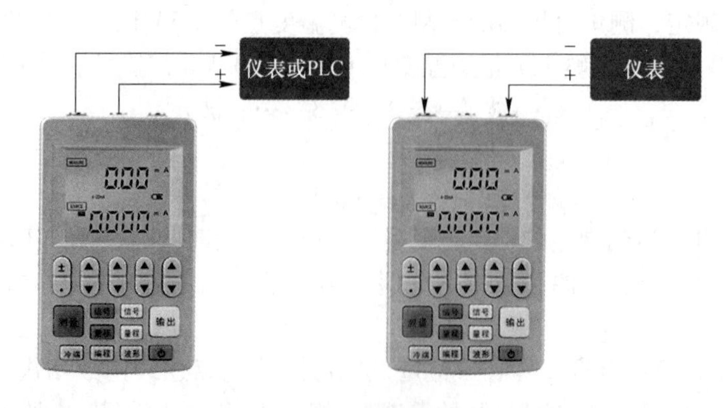

图15-4　THS10便携式信号发生器接线图

信号发生器可以测量电压、有源电流、无源电流、热电阻、电阻和热电偶信号，更新周期 1s。不执行测量功能时，按蓝色“测量”键关闭测量模式，以达到节省电池电量的目的。

用于测量热电偶温度值时，带有自动或手动冷端补偿功能。具体操作如下：

1）将黑色信号线接在公共端，红色信号线接在测量端。

2）按蓝色的“信号”键切换信号类型为 K。

3）在 LCD 测量值显示区，显示实际测量值。

4）如需查看或调整冷端温度，则按以下步骤进行：

① 按“冷端”键，液晶屏输出值将切换为冷端温度显示；

② 液晶屏显示 RJA，表明当前冷端为信号发生器内部传感器采集到的冷端温度，不可修改。

③ 如将拨码开关拨到手动冷端位置，液晶屏显示“M”，此时可用“∧”“∨”键手动设定冷端值。

5）信号输出。信号发生器可以输出电压、有源电流、无源电流、热电阻、电阻和热电偶信号。电压、有源电流输出按以下步骤进行：

① 将黑色信号线接在公共端，黄色信号线接在测量端；

② 按黄色的“信号”键切换信号类型；

③ 按“∧”“∨”键可调整输出值的大小；

④ 按黄色的“输出”键，LCD 屏幕中“SOURCE”由“OFF”变成“ON”，启动输出。

（8）ZY0020 热电偶校验装置操作说明：

热电偶校正装置可用于中温区工作热电偶的标定和检验实验。电炉加热电压调节范围为 0～200VAC。实验装置由电炉、测控电箱、控温热电偶、标准热电偶，被检热电偶和可移动实验台架构成，实验装置如图 15-5 所示。

1）仪表设置与准备：

① 打开空气开关，在巡检仪 PV 测量值显示状态下，按下“SET”键大于 5s，巡检仪转入控制参数设定状态。按“SET”键，待 PV 显示器显示“CLK”。如果 PV 显示器显示的不是“CLK”，可以不断按“SET”键，每按一次“SET”键，PV 显示器就会变化一次，就会在 PV 显示器上出现“CLK”；然后通过按上翻键“∧”和下翻键“∨”，将 SV 显示器调成 132，在 PV 显示器显示“CLK”，SV 显示器显示“132”的状态下，同时按下“SET”键和上翻键“∧”30s，仪表进入二级参数设定。

② 在二级参数修改状态下，PV 显示器会出现各种二级参数，通过按“SET”键，使得 PV 显示器显示“1SL0”，即第一通道（标准热电偶航插 1 接到巡检仪第一通道上），通过按上翻键“∧”和下翻键“∨”，使得 SV 显示器出现“2”或“3”或“5”。其中“2”代表“K”型热电偶，“3”代表“E”型热电偶，“5”代表“J”型热电偶。当标准热电偶是“K”型热电偶时，就在 SV 显示器上调出“2”；当标准热电偶是“E”型热电偶时，就在 SV 显示器上调出“3”；当标准热电偶是“J”型热电偶时，就在 SV 显示器上调出“5”。然后按住“SET”键 5s 后，仪表自动回到 PV 测量值显示状态。

③ 同样的步骤设置“2SL0”“3SL0”“4SL0”通道，根据被检热电偶的“K”“E”“J”型号，在 SV 显示器上调出与热电偶型号对应的“2”或“3”或“5”。同时调出对应的标

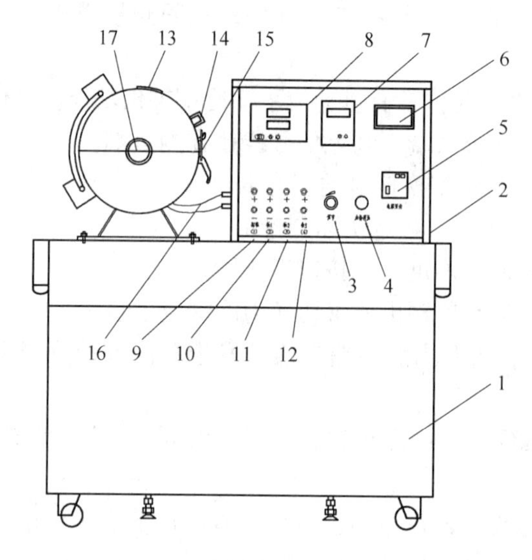

图 15-5 ZY0020 热电偶校验装置简图

1—可移动实验台架；2—测控电箱；3—加热调节旋钮；4—加热开关；5—空气开关；6—电炉加热电压数显表；7—温控仪表；8—温度巡检仪；9—标准热电偶（本装置提供 K、E、J 三种标准热电偶）航插（1 号航插）；10—被检测热电偶 1 航插（2 号航插）；11—被检测热电偶 2 航插（3 号航插）；12—被检测热电偶 3 航插（4 号航插）；13—加热炉；14—加热炉把手；15—加热炉卡扣；16—加热炉控温热电偶；17—加热炉孔（内部安装有陶瓷管，实验时标准和被检测热电偶通过加热炉孔放入加热炉内的陶瓷管中）

准热电偶的类型与数字代码。

④ 根据实验所用的标准热电偶（本实验装置配备 K、E、J 三种标准热电偶），将该标准热电偶接线端接入 1 号航插上（巡检仪的第一通道），并设置好巡检仪。

⑤ 将被检测热电偶的接线端接入检 1 航插（巡检仪第二通道）或检 2 航插（巡检仪第三通道）或检 3 航插（巡检仪第四通道），并设置好巡检仪。

⑥ 电箱面板上航插红色为“+”，航插的黑色为“-”。K 型热电偶（镍铬-镍硅），E 型热电偶（镍铬-铜镍（康铜）），J 型热电偶（铁-铜镍（康铜））。

⑦ 将标准热电偶和被检测热电偶的感温端插到加热炉孔里面的陶瓷管里面。

2）调节加热炉的炉膛温度：

① 通过电箱面板上的温控表，设定炉膛内的温度，为了便于实验地进行，设定炉膛温度可从低到高来设定。

② 按下面板上“加热开关”，并调节“加热调节旋钮”，开始给炉体加热，加热炉刚使用时，调节加热电压不宜过大，以延长加热炉的使用寿命。

③ 加热过程中，炉膛的温度在升高，并在温度控制表和巡检仪上显示，当炉膛温度达到温度控制表设定值，加热就会停止，当炉膛温度下降后，加热又会开启。可根据实验要求的恒温温度进行反复调节，直至稳定在需要的温度上，炉膛的温度绝对稳定是不易控制的，可在基本稳定的条件下快速测定。本加热炉的炉膛温度最高可达到 1000℃。

3）测量热电偶两端的毫伏值：在温度基本稳定的条件下，依次记录下温度巡检仪中标准热电偶和被检测热电偶的温度，并使用 UJ36 直流电位差计、THS10 便携式信号发生器测量标准热电偶和被检测热电偶两端的毫伏值。

4）设置炉膛不同的温度，继续实验。

（三）热电偶回路电阻测量

实验时断开热电偶与补偿导线及测温仪表的连接，在接插件的插脚或接线板处测量回路电阻。这种基本测量只是为了确定电路的连续性。若要精确测量回路电阻，建立参考数据，并确定热电偶之间没有短路（例如在热电偶插件组件中），应使用电阻分辨力不低于0.1Ω的欧姆表。由于热电偶的热电势会影响到电阻测量，所以应测量两次电阻，第二次测量的极性与第一次相反。两次测量的平均值为热电偶回路电阻。应注意，欧姆表的工作原理为测量电流通过被测电阻产生的电压，如果热电偶在一个有温度梯度的环境下，测量端和参比端的温度不同，则应从欧姆表测得的电压中加上或减去热电偶的热电势。正反向两次测量电阻并取平均值的做法就是为消除热电势产生的影响。由于高温会对回路电阻有影响，本次实验在室温状态下测量热电偶的回路电阻。

（四）热电偶冷端温度变化对热电势的影响

将炉温恒定在某一设定温度不变，如700℃，只是把双掷开关浸入盛有热水的烧杯之中，由水银温度计测得水温每下降约20℃左右时，从UJ36直流电位差计读取一次热电偶的电势值，共读取四次，分别填入表15-3中。

注：只读取被检热电偶。

表15-3 炉温恒定700℃时冷端温度对热电势的影响记录表

序号	水银温度计/℃	UJ36电势值/mV	UJ36指示温度值/℃
1			
2			
3			
4			

（五）补偿导线的检定

补偿导线本身也需要进行检定，只有在允许误差之内的方能使用。先将补偿导线的两端塑料保护层去除10~20mm，一端绞紧成为一支热偶，置于实验室电炉加热的沸水烧杯内，注意不得把热端靠抵烧杯底部，另一端接UJ36直流电位差计，测出补偿导线的热电势（允许误差见附录Ⅲ）。

$$E_{补偿导线} = E(t_{室温},0) + E(100℃,t_{室温}) = E(100,0) \quad (15\text{-}2)$$

五、实验报告和要求

（1）按照表15-2写出检定数据表，并对被检热电偶和补偿导线给出检定记录和结论。

（2）根据表15-3分析冷端温度对热电势的影响。

（3）写出并计算热电偶的回路电阻。

（4）写出在检定热电偶的体会，重点分析检定过程中的误差原因和解决办法。

（5）写出利用标准热电偶检定工业热电偶的具体步骤。

六、检定数据的处理

（1）用比较法检定时，按下式计算被测热电偶对分度表的偏差 Δt：

$$\Delta t = t_{被检} - t_{标准} \tag{15-3}$$

式中 $t_{被检}$——根据被检热电偶在某分度点的热电势（冷端为0℃）的读数平均值，从分度表查得的温度；

$t_{标准}$——根据标准热电偶在相同分度点的热电势（冷端为0℃）的读数平均值，从标准热电偶热电势分度表中查出的温度。

例： 在1000℃分度点，标准热电偶热电势读数平均值为9.535mV，被检的镍铬-镍硅的热电偶热电势读数平均值为41.38mV，试计算其偏差值。

解：

求 $t_{被检}$：由被检热电偶在1000℃分度点上热电势读数平均值 $E(t_{被检}) = 41.38\text{mV}$，从镍铬－镍硅的热电偶分度表查得 $t_{被检} = 1002.75℃$。

求 $t_{标准}$：由标准热电偶在1000℃分度点上热电势读数平均值 $E(t_{标准}) = 9.535\text{mV}$，从标准镍铬-镍硅的热电偶分度表查得 $t_{标准} = 998.16℃$。

则其偏差值为：

$$\Delta t = 1002.75 - 998.16 = 4.59℃$$

修正值为：

$$C = -\Delta t = -4.59℃$$

在此处认为标准热电偶不存在误差。标准热电偶的示值即为真值，但实际上标准热电偶测量时，也存在着误差，在要求精度更高时，标准热电偶热电势的读数平均值还需要经过修正。根据修正后的数值，再检出相应的温度。标准热电偶的修正值在标准热电偶校准时给出。

（2）国家规定镍铬－镍硅的热电偶测量端温度大于400℃时，对分度表的偏差为 $\pm 1\% t$℃ 时，此热电偶合格。

（3）根据需要给出分度表或 $E(t_{被检}, 0)$ 与 $t_{被检}$ 对照表，或绘出 $E(t_{被检}, 0) = f(t_{被检})$ 曲线。

实验 16　动圈式控温仪表的检定

一、实验目的

（1）掌握动圈式控温仪表的检定过程。

（2）熟悉检定仪表的指示误差、设定点偏差、回程误差、内阻测量的方法。

（3）了解仪表断偶保护、越限的检定方法及作用。

（4）了解外接电阻 $R_{外}$ 对动圈式仪表测温准确性的影响。

（5）熟悉仪表内部结构及工作原理。

二、原理概述

动圈式控温仪表是利用载流导体在永磁场中的受力大小与导体中电流强度成比例的原理工作的。仪表中有一个可以转动的线圈称为动圈，它处于磁铁与圆柱形铁芯所制成的径向均匀永磁场中，动圈上下均由张丝支撑着。当电流流经处于永久磁场中的动圈时，动圈受磁力作用产生偏转，其偏转角度与电流成正比。此时张丝由于被扭转而产生了一个反力矩，此反力矩与动圈的转角成比例，并阻止动圈转动。当动圈的转动力矩与张丝的反力矩大小相等时，动圈就会停止转动。动圈转动的角度反映了流过动圈电流的大小。固定在动圈上的指针就在刻度板上指示出被测参数的数值，显示仪表测量出的温度，如图 16-1 所示。

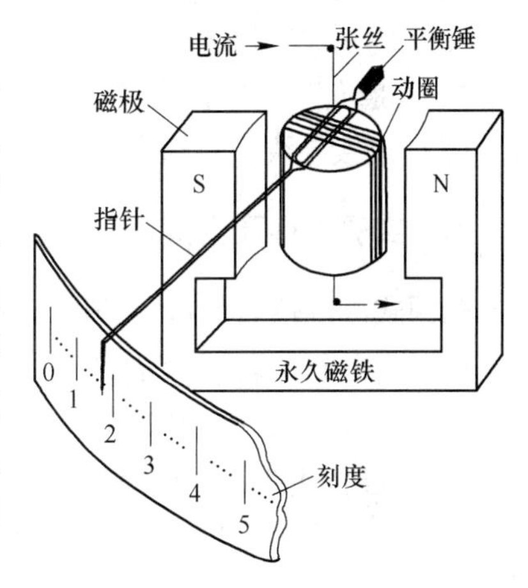

图 16-1　动圈式控温仪表工作原理图

各种热工参数如温度、压力、流量等，只要是通过感受元件和变送器转变成相应的直流电信号，都能用动圈式仪表显示。动圈式温度指示仪表包括配热电阻和热电偶两种测温电路。

标准 JJG 186—1997《动圈式温度指示仪表检定规程》规定：

（1）指示基本误差：仪表的指示基本误差 1.0 级不应超过仪表的电量程的 ±1.0%；1.5 级不应超过仪表的电量程的 ±1.5%。

（2）回程误差：仪表的回程误差不应超过仪表指示基本误差绝对值的一半。

（3）倾斜误差：仪表从正常工作位置向任何方向倾斜下列角度时，仪表的下限值变化及量程变化或示值变化均不超过仪表指示基本误差的绝对值。直接作用的动圈仪表规定倾斜角度为 5°，带前置放大器的动圈仪表规定倾斜角度为 10°。

（4）设定点偏差：仪表的设定点偏差 1.0 级不应超过仪表的电量程的 ±1.0%，1.5 级按生产厂规定。

（5）切换差：仪表的切换差 1.0 级不应超过仪表的电量程的 ±0.5%，1.5 级按生产厂规定。

（6）越限：仪表指示指针超越设定指针的距离即为越限。仪表的越限应大于标尺弧长的5%，对有前置放大器的仪表除外。

(7) 断偶保护：具有断偶保护装置的仪表，当热电偶断路时，指示指针应能超越标尺上限刻度线。

(8) 阻尼时间：仪表的阻尼时间不应超过下列数值：直接作用的动圈仪表输入量程小于20mV的仪表为10s，其他仪表7s，带前置放大器的动圈仪表5s。

(9) 内阻：与热电偶配用的直接作用动圈式仪表的内阻值规定为：1.0精度级别的不小于200Ω，1.5精度级别的不小于150Ω。

温度显示仪表检定的项目较多，且因仪表类型不同而有差别，但不管何种类型仪表，决定仪表精度的指示误差必须检定。

三、实验设备与材料

(1) 动圈式温度仪表XCT-101。
(2) 毫伏信号发生器。
(3) UJ36直流电位差计。
(4) 旋转式电阻箱。
(5) 连接导线、鱼嘴夹等。

四、实验内容及步骤

动圈式测温仪表的检定按以下内容与步骤进行。

(一) 检定仪表的指示误差

通常指仪表的绝对误差是否超过允许的最大误差。检定时标准仪器、设备和仪表分别按图16-2进行接线，并调整仪表的机械零位。

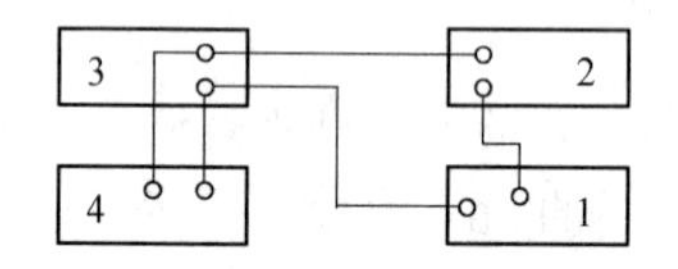

图16-2　配热电偶用动圈式温度仪表检定线路

1—被检仪表；2—外接电阻；3—毫伏信号发生器；4—UJ36直流电位差计

仪表的允许绝对误差可根据仪表的精度等级根据 $\Delta X_{max} = \pm k\%(A_{max} - A_{min})$ 算出，仪表检定后，若指示误差超过允许最大绝对误差，仪表不合格，应进行调整或修理。

其步骤为：由毫伏信号发生器模拟热电势，该信号输入动圈式仪表，使仪表指示各温度值，同一信号也被送入UJ36直流电位差计，由UJ36直流电位差计测得该温度点下的电势值，从分度表中查得相应温度点下的标准值，通过计算取得仪表的误差，在允许误差之内，检定该温度点合格。

(二) 检定点的测定

检定应在主刻度线上进行，检定点应包括上、下限值（或其附近10%量程以内）在内至少5个点。

增大输入信号，使指针缓慢上升，并对准仪表盘上各个被检刻度线中心（检测时指示指针与刻度线、反光镜中的指针处于重合位置），分别读取标准仪器的示值，即为上行程中与各被检刻度线所对应的实际的电量值$A_{上}$。

在读取了上限值刻度线的读数后，减小输入信号，使指针平稳下降，并对准仪表各个被检刻度线中心，分别读取标准仪器的示值，即为下行程中与各被检刻度线所对应的实际电量值$A_{下}$。

仪表上、下行程指示基本误差$\Delta A_{上}$、$\Delta A_{下}$可由式（16-1）和式（16-2）计算：

$$\Delta A_{上} = A - A_{上} \tag{16-1}$$

$$\Delta A_{下} = A - A_{下} \tag{16-2}$$

式中　$\Delta A_{上}$，$\Delta A_{下}$——仪表上、下行程指示基本误差，mV（Ω）；

A——被检刻度线的标称的电量值，mV（Ω）；

$A_{上}$，$A_{下}$——上下行程中与被检刻度线对应实际的电量值，mV（Ω）。

经计算，仪表指示基本误差超差或在仲裁检定时，至少进行3个循环的检定。按各个被检刻度线上3次上、下行程的读数值（对上限刻度线只读取上行程的电量值，对下限刻度线只读取下行程的电量值）进行指示基本误差计算，同时必须考核仪表示值的重复性。

其具体操作步骤：

（1）拆去仪表接线上的短路线，此时仪表晃动厉害，切忌震动实验台；旋动仪表面板中间的调零螺钉，作机械调零；缓慢增加毫伏信号发生器电位器（毫伏值），逐步增大输出信号，使指针慢慢指向刻度最大值，再逐步减小输出信号，使指针慢慢指向零，观察这个过程中指针上行和下行运动情况，要求运行平稳，无卡针或迟滞现象，否则向老师报告。

（2）上行检定：缓缓增加毫伏发生器的输出信号，让仪表指针上行，分别指在刻度盘的整百度点上，从UJ36直流电位差计测得该温度点电势值并查表换算成温度值记于表16-1中。

（3）下行检定：先使指针超过最大刻度点，然后缓慢减小输出信号，同样在刻度盘的整百度点由UJ36直流电位差计测得检定数据，换算成温度值并记录于表16-1中。

表16-1　动圈式仪表检定实验数据记录表

整百度值		UJ36电位差计（实际输入）				基本误差		回差	示值重复性	
温度/℃	U/mV	$U_{上}$	$U_{上均}$	$U_{下}$	$U_{下均}$	Δ_1	Δ_2	$\Delta_{回}$	$e_{上}$	$e_{下}$
100										
200										
300										

续表 16-1

整百度值		UJ36电位差计（实际输入）				基本误差		回差	示值重复性	
温度/℃	U/mV	$U_{上}$	$U_{上均}$	$U_{下}$	$U_{下均}$	Δ_1	Δ_2	$\Delta_{回}$	$e_{上}$	$e_{下}$
400										
500										
600										

检查动圈式仪表的基本误差、回差、示值重复性是否合格，数据记录表见表16-1。选择六个检定点（取主刻度线），上、下行程重复三个循环采集数据。用毫伏发生器的电压输出模拟热电势，输入动圈式仪表，$R_{外}=15\Omega$。

（三）设定点偏差的检定

（1）检定应在相当于标尺弧长的10%、50%、90%附近的刻度线上进行；在每个被检刻度线上，进行上、下行程一个循环的检定。

（2）移动设定指针（或设定值）对准被检刻度线中心，增大输入信号，使指示指针平稳地接近设定指针（或设定值），当继电器动作输出端做出执行动作时，测得的标准仪器上读数为上切换值 A_1。

（3）继续增大输入信号，使指针继续上移2～3mm，再减少输入信号，使指示指针平稳地离开设定指针（或设定值），当继电器输出端做出复原动作时，测得的标准仪器上读数为下切换值 A_2。

（4）根据上切换值、下切换值按式（16-3）计算切换中值 $A_{中}$：

$$A_{中}=(A_1+A_2)/2 \tag{16-3}$$

式中 $A_{中}$——切换中值，mV（Ω）；

A_1，A_2——标准仪器上读得的上、下切换值，mV（Ω）。

（5）设定点偏差按（16-4）计算：

$$\Delta A_{设}=A_{中}-(A_{上}+A_{下})/2 \tag{16-4}$$

式中 $\Delta A_{设}$——设定点偏差，mV（Ω）。

（四）回程误差的检定

仪表的回程误差与指示基本误差同时进行检定，其误差按式（16-5）计算：

$$\Delta A_{回}=|A_{上}-A_{下}| \tag{16-5}$$

式中 $\Delta A_{回}$——仪表的回程误差，mV（Ω）。

如果进行3次上、下行程检定时，即为3次上、下行程读数的平均值（mV，Ω）。

（五）越限的检定

对直接作用的仪表，将设定指针放置在刻度盘标尺弧长（5% ~95%）范围内的任一位置，使指示指针接近设定指针。当继电器执行动作后，继续移动指示指针，直至被仪表停止机构挡住，在此过程中继电器不能有两次动作，此时用目测指示指针与设定指针之间的距离。

（六）断偶保护

将设定指针（或设定值）移至标尺上限值刻度线，调节毫伏信号发生器的输出，使指示指针停留在标尺弧长 50% 处，然后使仪表热电偶的输入端开路，观察仪表的断偶保护作用。

（七）动圈式仪表内阻的测量

用补偿法进行测量，其接线如图 16-3 所示。用毫伏发生器的电压输出模拟热电偶产生的热电势，使指针指示在动圈式仪表标尺弧长的三分之二到满刻度范围内，任选一点，用 UJ36 直流电位差计分别测量出 V_{12}、V_{34}，并按式（16-6）计算仪表内阻 $R_{内}$，数据记录见表 16-2：

$$R_{内} = R_{标}(V_{34}/V_{12}) \tag{16-6}$$

式中　$R_{内}$——仪表内阻，Ω；

$R_{标}$——标准电阻，Ω；

V_{12}——测得标准电阻两端电压值，mV；

V_{34}——测得仪表输入端处电压值，mV。

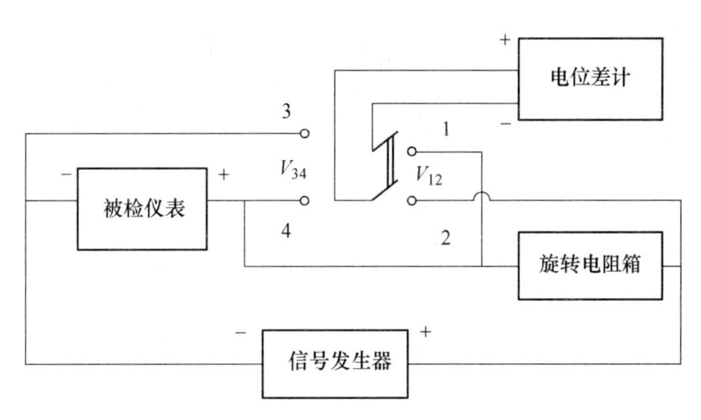

图 16-3　动圈式仪表内阻测定接线图

表 16-2　动圈式仪表内阻测定

温度/℃	$R_{标}$	V_{12}/mV	V_{34}/mV	$R_{内} = R_{标} \cdot V_{34}平均/V_{12}平均$

（八）动圈式仪表外接电阻 $R_{外}$ 对仪表示值的影响

拆去 UJ36 的连线（或把 UJ36 的扳键置于中间的位置），将电阻箱旋钮放在 15Ω，调节毫伏发生器的输出信号，使仪表指针指在700℃刻度线上，然后改变电阻箱的电阻值；从仪表盘面板上目测读取仪表指示值，从5Ω开始，每改变5Ω依次读取仪表的示值，记在表16-3中，直至25Ω为止。

表16-3 外线电阻对仪表值的影响

毫伏输入mV值	t/℃（$R_{外}$=15.00Ω时）	$R_{外}$/Ω	$t_{示}$/℃	Δt/℃
		5.00		
		10.00		
		20.00		
		25.00		

五、实验报告要求

（1）实验目的及意义。

（2）简述检定原理及方法，按表16-1写出动圈式仪表的检定报告。

（3）分别计算仪表的指示误差、设定点偏差、回程误差、内阻。

（4）分析外接电阻对仪表示值影响的原因。

（5）有台加热炉由动圈式仪表控温，工艺要求炉温控制在900℃，当天室温为20℃，问：定温值为多少？

附　　录

附录Ⅰ　常用维氏、布氏、洛氏硬度的换算表

根据德国标准 DIN50150，以下是常用范围的钢材抗拉强度与维氏硬度、布氏硬度、洛氏硬度的对照表。如果您要查的抗拉强度 >1000MPa，或者维氏硬度 HV >310，或者布氏硬度 HB >300，或者洛氏硬度 HRC >32，请查本表。

抗拉强度 R_m/MPa	维氏硬度 HV	布氏硬度 HB	洛氏硬度 HRC
250	80	76.0	—
270	85	80.7	—
285	90	85.2	—
305	95	90.2	—
320	100	95.0	—
335	105	99.8	—
350	110	105	—
370	115	109	—
380	120	114	—
400	125	119	—
415	130	124	—
430	135	128	—
450	140	133	—
465	145	138	—
480	150	143	—
490	155	147	—
510	160	152	—
530	165	156	—
545	170	162	—
560	175	166	—
575	180	171	—
595	185	176	—
610	190	181	—
625	195	185	—
640	200	190	—
660	205	195	—
675	210	199	—
690	215	204	—

续表

抗拉强度 R_m/MPa	维氏硬度 HV	布氏硬度 HB	洛氏硬度 HRC
705	220	209	—
720	225	214	—
740	230	219	—
755	235	223	—
770	240	228	20.3
785	245	233	21.3
800	250	238	22.2
820	255	242	23.1
835	260	247	24.0
850	265	252	24.8
865	270	257	25.6
880	275	261	26.4
900	280	266	27.1
915	285	271	27.8
930	290	276	28.5
950	295	280	29.2
965	300	285	29.8
995	310	295	31.0
1030	320	304	32.2
1060	330	314	33.3
1095	340	323	34.4
1125	350	333	35.5
1115	360	342	36.6
1190	370	352	37.7
1220	380	361	38.8
1255	390	371	39.8
1290	400	380	40.8
1320	410	390	41.8
1350	420	399	42.7
1385	430	409	43.6
1420	440	418	44.5
1455	450	428	45.3
1485	460	437	46.1
1520	470	447	46.9
1555	480	(456)	47.7
1595	490	(466)	48.4

续表

抗拉强度 R_m/MPa	维氏硬度 HV	布氏硬度 HB	洛氏硬度 HRC
1630	500	(475)	49. 1
1665	510	(485)	49. 8
1700	520	(494)	50. 5
1740	530	(504)	51. 1
1775	540	(513)	51. 7
1810	550	(523)	52. 3
1845	560	(532)	53. 0
1880	570	(542)	53. 6
1920	580	(551)	54. 1
1955	590	(561)	54. 7
1995	600	(570)	55. 2
2030	610	(580)	55. 7
2070	620	(589)	56. 3
2105	630	(599)	56. 8
2145	640	(608)	57. 3
2180	650	(618)	57. 8
	660		58. 3
	670		58. 8
	680		59. 2
	690		59. 7
	700		60. 1
	720		61. 0
	740		61. 8
	760		62. 5
	780		63. 3
	800		64. 0
	820		64. 7
	840		65. 3
	860		65. 9
	880		66. 4
	900		67. 0
	920		67. 5
	940		68. 0

注：括号表示由硬质合金球压头测得的数据；钢球压头测量硬度低于450HB 的材料。

附录Ⅱ K型镍铬－镍硅（镍铬－镍铝）热电动势

（JJG 351—84，参考端温度为0℃）(mV)

温度/℃	0	1	2	3	4	5	6	7	8	9
-50	-1.889	-1.925	-1.961	-1.996	-2.032	-2.067	-2.102	-2.137	-2.173	-2.208
-40	-1.527	-1.563	-1.600	-1.636	-1.673	-1.709	-1.745	-1.781	-1.817	-1.853
-30	-1.156	-1.193	-1.231	-1.268	-1.305	-1.342	-1.379	-1.416	-1.453	-1.490
-20	-0.777	-0.816	-0.854	-0.892	-0.930	-0.968	-1.005	-1.043	-1.081	-1.118
-10	-0.392	-0.431	-0.469	-0.508	-0.547	-0.585	-0.624	-0.662	-0.701	-0.739
-0	0	-0.039	-0.079	0.118	-0.157	-0.197	0.236	-0.275	-0.314	-0.353
0	0	0.039	0.079	0.119	0.158	0.198	0.238	0.277	0.317	0.357
10	0.397	0.437	0.477	0.517	0.557	0.597	0.637	0.677	0.718	0.758
20	0.798	0.838	0.879	0.919	0.960	1.000	1.041	1.081	1.122	1.162
30	1.203	1.244	1.285	1.325	1.366	1.407	1.448	1.489	1.529	1.570
40	1.611	1.652	1.693	1.734	1.776	1.817	1.858	1.899	1.940	1.981
50	2.022	2.064	2.105	2.146	2.188	2.229	2.270	2.312	2.353	2.394
60	2.436	2.477	2.519	2.560	2.601	2.643	2.684	2.726	2.767	2.809
70	2.850	2.892	2.933	2.875	3.016	3.058	3.100	3.141	3.183	3.224
80	3.266	3.307	3.349	3.390	3.432	3.473	3.515	3.556	3.598	3.639
90	3.681	3.722	3.764	3.805	3.847	3.888	3.930	3.971	4.012	4.054
100	4.095	4.137	4.178	4.219	4.261	4.302	4.343	4.384	4.426	4.467
110	4.508	4.549	4.590	4.632	4.673	4.714	4.755	4.796	4.837	4.878
120	4.919	4.960	5.001	5.042	5.083	5.124	5.164	5.205	5.246	5.287
130	5.327	5.368	5.409	5.450	5.490	5.531	5.571	5.612	5.652	5.693
140	5.733	5.774	5.814	5.855	5.895	5.936	5.976	6.016	6.057	6.097
150	6.137	6.177	6.218	6.258	6.298	6.338	6.378	6.419	6.459	6.499
160	6.539	6.579	6.619	6.659	6.699	6.739	6.779	6.819	6.859	6.899
170	6.939	6.979	7.019	7.059	7.099	7.139	7.179	7.219	7.259	7.299
180	7.338	7.378	7.418	7.458	7.498	7.538	7.578	7.618	7.658	7.697
190	7.737	7.777	7.817	7.857	7.897	7.937	7.977	8.017	8.057	8.097
200	8.137	8.177	8.216	8.256	8.296	8.336	8.376	8.416	8.456	8.497
210	8.537	8.577	8.617	8.657	8.697	8.737	8.777	8.817	8.857	8.898
220	8.938	8.978	9.018	9.058	9.099	9.139	9.179	9.220	9.260	9.300
230	9.341	9.381	9.421	9.462	9.502	9.543	9.583	9.624	9.664	9.705
240	9.745	9.786	9.826	9.867	9.907	9.948	9.989	10.029	10.070	10.111
250	10.151	10.192	10.233	10.274	10.315	10.355	10.396	10.437	10.478	10.519
260	10.560	10.600	10.641	10.882	10.723	10.764	10.805	10.848	10.887	10.928

续表

温度/℃	0	1	2	3	4	5	6	7	8	9
270	10.969	11.010	11.051	11.093	11.134	11.175	11.216	11.257	11.298	11.339
280	11.381	11.422	11.463	11.504	11.545	11.587	11.628	11.669	11.711	11.752
290	11.793	11.835	11.876	11.918	11.959	12.000	12.042	12.083	12.125	12.166
300	12.207	12.249	12.290	12.332	12.373	12.415	12.456	12.498	12.539	12.581
310	12.623	12.664	12.706	12.747	12.789	12.831	12.872	12.914	12.955	12.997
320	13.039	13.080	13.122	13.164	13.205	13.247	13.289	13.331	13.372	13.414
330	13.456	13.497	13.539	13.581	13.623	13.665	13.706	13.748	13.790	13.832
340	13.874	13.915	13.957	13.999	14.041	14.083	14.125	14.167	14.208	14.250
350	14.292	14.334	14.376	14.418	14.460	14.502	14.544	14.586	14.628	14.670
360	14.712	14.754	14.796	14.838	14.880	14.922	14.964	15.006	15.048	15.090
370	15.132	15.174	15.216	15.258	15.300	15.342	15.394	15.426	15.468	15.510
380	15.552	15.594	15.636	15.679	15.721	15.763	15.805	15.847	15.889	15.931
390	15.974	16.016	16.058	16.100	16.142	16.184	16.227	16.269	16.311	16.353
400	16.395	16.438	16.480	16.522	16.564	16.607	16.649	16.691	16.733	16.776
410	16.818	16.860	16.902	16.945	16.987	17.029	17.072	17.114	17.156	17.199
420	17.241	17.283	17.326	17.368	17.410	17.453	17.495	17.537	17.580	17.622
430	17.664	17.707	17.749	17.792	17.834	17.876	17.919	17.961	18.004	18.046
440	18.088	18.131	18.173	18.216	18.258	18.301	18.343	18.385	18.428	18.470
450	18.513	18.555	18.598	18.640	18.683	18.725	18.768	18.810	18.853	18.896
460	18.938	18.980	19.023	19.065	19.108	19.150	19.193	19.235	19.278	19.320
470	19.363	19.405	19.448	19.490	19.533	19.576	19.618	19.661	19.703	19.746
480	19.788	19.831	19.873	19.916	19.959	20.001	20.044	20.086	20.129	20.172
490	20.214	20.257	20.299	20.342	20.385	20.427	20.470	20.512	20.555	20.598
500	20.640	20.683	20.725	20.768	20.811	20.853	20.896	20.938	20.981	21.024
510	21.066	21.109	21.152	21.194	21.237	21.280	21.322	21.365	21.407	21.450
520	21.493	21.535	21.578	21.621	21.663	21.706	21.749	21.791	21.834	21.876
530	21.919	21.962	22.004	22.047	22.090	22.132	22.175	22.218	22.260	22.303
540	22.346	22.388	22.431	22.473	22.516	22.559	22.601	22.644	22.687	22.729
550	22.772	22.815	22.857	22.900	22.942	22.985	23.028	23.070	23.113	23.156
560	23.198	23.241	23.284	23.326	23.369	23.411	23.454	23.497	23.539	23.582
570	23.624	23.667	23.710	23.752	23.795	23.837	23.880	23.923	23.965	24.008
580	24.050	24.093	24.136	24.178	24.221	24.263	24.306	24.348	24.391	24.434
590	24.476	24.519	24.561	24.604	24.646	24.689	24.731	24.774	24.817	24.859
600	24.902	24.944	24.987	25.029	25.072	25.114	25.157	25.199	25.242	25.284
610	25.327	25.369	25.412	25.454	25.497	25.539	25.582	25.624	25.666	25.709

续表

温度/℃	0	1	2	3	4	5	6	7	8	9
620	25. 751	25. 794	25. 836	25. 879	25. 921	25. 964	26. 006	26. 048	26. 091	26. 133
630	26. 176	26. 218	26. 260	26. 303	26. 345	26. 387	26. 430	26. 472	26. 515	26. 557
640	26. 599	26. 642	26. 684	26. 726	26. 769	26. 811	26. 853	26. 896	26. 938	26. 980
650	27. 022	27. 065	27. 107	27. 149	27. 192	27. 234	27. 276	27. 318	27. 361	27. 403
660	27. 445	27. 487	27. 529	27. 572	27. 614	27. 656	27. 698	27. 740	27. 783	27. 825
670	27. 867	27. 909	27. 951	27. 993	28. 035	28. 078	28. 120	28. 162	28. 204	28. 246
680	28. 288	28. 330	28. 372	28. 414	28. 456	28. 498	28. 540	28. 583	28. 625	28. 667
690	28. 709	28. 751	28. 793	28. 835	28. 877	28. 919	28. 961	29. 002	29. 044	29. 086
700	29. 128	29. 170	29. 212	29. 264	29. 296	29. 338	29. 380	29. 422	29. 464	29. 505
710	29. 547	29. 589	29. 631	29. 673	29. 715	29. 756	29. 798	29. 840	29. 882	29. 924
720	29. 965	30. 007	30. 049	30. 091	30. 132	30. 174	30. 216	20. 257	30. 299	30. 341
730	30. 383	30. 424	30. 466	30. 508	30. 549	30. 591	30. 632	30. 674	30. 716	30. 757
740	30. 799	30. 840	30. 882	30. 924	30. 965	31. 007	31. 048	31. 090	31. 131	31. 173
750	31. 214	31. 256	31. 297	31. 339	31. 380	31. 422	31. 463	31. 504	31. 546	31. 587
760	31. 629	31. 670	31. 712	31. 753	31. 794	31. 836	31. 877	31. 918	31. 960	32. 001
770	32. 042	32. 084	32. 125	32. 166	32. 207	32. 249	32. 290	32. 331	32. 372	32. 414
780	32. 455	32. 496	32. 537	32. 578	32. 619	32. 661	32. 702	32. 743	32. 784	32. 825
790	32. 866	32. 907	32. 948	32. 990	33. 031	33. 072	33. 113	33. 154	33. 195	33. 236
800	33. 277	33. 318	33. 359	33. 400	33. 441	33. 482	33. 523	33. 564	33. 606	33. 645
810	33. 686	33. 727	33. 768	33. 809	33. 850	33. 891	33. 931	33. 972	34. 013	34. 054
820	34. 095	34. 136	34. 176	34. 217	34. 258	34. 299	34. 339	34. 380	34. 421	34. 461
830	34. 502	34. 543	34. 583	34. 624	34. 665	34. 705	34. 746	34. 787	34. 827	34. 868
840	34. 909	34. 949	34. 990	35. 030	35. 071	35. 111	35. 152	35. 192	35. 233	35. 273
850	35. 314	35. 354	35. 395	35. 435	35. 476	35. 516	35. 557	35. 597	35. 637	35. 678
860	35. 718	35. 758	35. 799	35. 839	35. 880	35. 920	35. 960	36. 000	36. 041	36. 081
870	36. 121	36. 162	36. 202	36. 242	36. 282	36. 323	36. 363	36. 403	36. 443	36. 483
880	36. 524	36. 564	36. 604	36. 644	36. 684	36. 724	36. 764	36. 804	36. 844	36. 885
890	36. 925	36. 965	37. 005	37. 045	37. 085	37. 125	37. 165	37. 205	37. 245	37. 285
900	37. 325	37. 365	37. 405	37. 443	37. 484	37. 524	37. 564	37. 604	37. 644	37. 684
910	37. 724	37. 764	37. 833	37. 843	37. 883	37. 923	37. 963	38. 002	38. 042	38. 082
920	38. 122	38. 162	38. 201	38. 241	38. 281	38. 320	38. 360	38. 400	38. 439	38. 479
930	38. 519	38. 558	38. 598	38. 638	38. 677	38. 717	38. 756	38. 796	38. 836	38. 875
940	38. 915	38. 954	38. 994	39. 033	39. 073	39. 112	39. 152	39. 191	39. 231	39. 270
950	39. 310	39. 349	39. 388	39. 428	39. 467	39. 507	39. 546	39. 585	39. 625	39. 664
960	39. 703	39. 743	39. 782	39. 821	39. 861	39. 900	39. 939	39. 979	40. 018	40. 057

续表

温度/℃	0	1	2	3	4	5	6	7	8	9
970	40.096	40.136	40.175	40.214	40.253	40.292	40.332	40.371	40.410	40.449
980	40.488	40.527	40.566	40.605	40.645	40.634	40.723	40.762	40.801	40.840
990	40.879	40.918	40.957	40.996	41.035	41.074	41.113	41.152	41.191	41.230
1000	41.269	41.308	41.347	41.385	41.424	41.463	41.502	41.541	41.580	41.619
1010	41.657	41.696	41.735	41.774	41.813	41.851	41.890	41.929	41.968	42.006
1020	42.045	42.084	42.123	42.161	42.200	42.239	42.277	42.316	42.355	42.393
1030	42.432	42.470	42.509	42.548	42.586	42.625	42.663	42.702	42.740	42.779
1040	42.817	42.856	42.894	42.933	42.971	43.010	43.048	43.087	43.125	43.164
1050	43.202	43.240	43.279	43.317	43.356	43.394	43.432	43.471	43.509	43.547
1060	43.585	43.624	43.662	43.700	43.739	43.777	43.815	43.853	43.891	43.930
1070	43.968	44.006	44.044	44.082	44.121	44.159	44.197	44.235	44.273	44.311
1080	44.349	44.387	44.425	44.463	44.501	44.539	44.577	44.615	44.653	44.691
1090	44.729	44.767	44.805	44.843	44.881	44.919	44.957	44.995	45.033	45.070
1100	45.108	45.146	45.184	45.222	45.260	45.297	45.335	45.373	45.411	45.448
1110	45.486	45.524	45.561	45.599	45.637	45.675	45.712	45.750	45.787	45.825
1120	45.863	45.900	45.938	45.975	46.013	46.051	45.088	46.126	46.163	46.201
1130	46.238	46.275	46.313	46.350	46.388	46.425	46.463	46.500	46.537	46.575
1140	46.612	46.649	46.687	46.724	46.761	46.799	46.836	46.873	46.910	46.948
1150	46.985	47.022	47.059	47.096	47.134	47.171	47.208	47.245	47.282	47.319
1160	47.356	47.393	47.430	47.468	47.505	47.542	47.579	47.616	47.653	47.689
1170	47.726	47.7628	47.800	47.837	47.874	47.911	47.948	47.985	48.021	48.058
1180	48.095	48.132	48.169	48.205	48.242	48.279	48.316	48.352	48.389	48.426
1190	48.462	48.499	48.536	48.572	48.609	48.645	48.682	48.718	48.755	48.792
1200	48.828	48.865	48.901	48.937	48.974	49.010	49.047	49.083	49.120	49.156
1210	49.192	49.229	49.265	49.301	49.338	49.374	49.410	49.446	49.483	49.519
1220	49.555	49.591	49.627	49.663	49.700	49.736	49.772	49.808	49.844	49.880
1230	49.916	49.952	49.988	50.024	50.060	50.096	50.132	50.168	50.204	50.240
1240	50.276	50.311	50.347	50.383	50.419	50.455	50.491	50.526	50.562	50.598
1250	50.633	50.669	50.705	50.741	50.776	50.812	50.847	50.883	50.919	50.954
1260	50.990	51.025	51.061	51.096	51.132	51.167	51.203	51.238	51.274	51.309
1270	51.344	51.380	51.415	51.450	51.486	51.521	51.556	51.592	51.627	51.662
1280	51.697	51.733	51.768	51.803	51.836	51.873	51.908	51.943	51.979	52.014
1290	52.049	52.084	52.119	52.154	52.189	52.224	52.259	52.284	52.329	52.364
1300	52.398	52.433	52.468	52.503	52.538	52.573	52.608	52.642	52.677	52.712
1310	52.747	52.781	52.816	52.851	52.886	52.920	52.955	52.980	53.024	53.059

续表

温度/℃	0	1	2	3	4	5	6	7	8	9
1320	53. 093	53. 128	53. 162	53. 197	53. 232	53. 266	53. 301	53. 335	53. 370	53. 404
1330	53. 439	53. 473	53. 507	53. 642	53. 576	53. 611	53. 645	53. 679	53. 714	53. 748
1340	53. 782	53. 817	53. 851	53. 885	53. 926	53. 954	53. 988	54. 022	54. 057	54. 091
1350	54. 125	54. 159	54. 193	54. 228	54. 262	54. 296	54. 330	54. 364	54. 398	54. 432
1360	54. 466	54. 501	54. 535	54. 569	54. 603	54. 637	54. 671	54. 705	54. 739	54. 773
1370	54. 807	54. 841	54. 875							

附录Ⅲ 补偿导线的热电势的允许误差

1. 绝缘层颜色

补偿导线型号	补偿导线合金丝		补偿导线绝缘层颜色		配用热电偶的分度号
	正极	负极	正极	负极	
SC	SPC（铜） SPC（Cu）	SNC（铜镍） SNC（CuNi）	红	绿	S（铂铑10铂） S（PtRh 10Pt）
KCA	KPCA（铁） KPCA（Fe）	KNCA（铜镍） KNCA（CuNi）	红	蓝	K（镍铬－镍硅） K（NiCr-NiSi）
KCB	KPCB（铜） KPCB（Cu）	KNCB（铜镍） KNCB（CuNi）	红	蓝	K（镍铬－镍硅） K（NiCr-NiSi）
KX	KPX（镍铬） KPX（NiCr）	KNX（镍硅） KNX（NiSi）	红	黑	K（镍铬－镍硅） K（NiCr-NiSi）
EX	EPX（镍铬） EPX（NiCr）	ENX（铜镍） ENX（CuNi）	红	棕	E（镍铬－铜镍） E（NiCr-CuNi）
JX	JPX（铁） JPX（Fe）	INX（铜镍） INX（CuNi）	红	紫	J（铁－铜镍） J（Fe-CuNi）
TX	TPX（铜） TPX（Cu）	TNX（铜镍） TNX（CuNi）	红	白	T（铜－铜镍） T（Cu-CuNi）
NC	NPC（铁） NPC（Fe）	NNC（铜镍） NNC（CuNi）	红	灰	N（镍铬硅－镍硅） N（NiCrSi-NiSi）

注：补偿导线型号第一个字母与热电偶的分度号对应，第二个字母中“X”表示延伸型补偿导线（与热电偶材料相同），“C”表示补偿型导线。

2. 分类及保护层颜色

使用分类	精度等级标志		护套颜色		
	普通级	精密级	普通级	精密级	本安电缆
一般用	—	S	黑色	灰色	蓝色
耐热用	—	S	黑色	黄色	蓝色

3. 热电动势及允差

型号	100℃			200℃		
	热电势/mV	允差/μV		热电势/mV	允差/μV	
		普通级	精密级		普通级	精密级
SC	0.645	±60（5℃）	±30（2.5℃）	1.440	±60（5℃）	—
KCB	4.095	±100（2.5℃）	±60（1.5℃）	—	—	—
KCA	4.095	±100（2.5℃）	±60（1.5℃）	8.137	±100（2.5℃）	±60（1.5℃）
KX	4.095	±100（2.5℃）	±60（1.5℃）	8.137	±100（2.5℃）	±60（1.5℃）
EX	6.317	±200（2.5℃）	±120（1.5℃）	13.419	±200（2.5℃）	±120（1.5℃）
NC	2.774	±100（15℃）	±60（1.5℃）	5.912	±100（15℃）	±60（1.5℃）
JX	5.268	±140（2.5℃）	±85（1.5℃）	10.777	±140（2.5℃）	±85（1.5℃）
TX	4.277	±60（1.0℃）	±30（1.5℃）	9.286	±90（1.5℃）	±48（0.8℃）

参考文献

[1] 钢铁研究总院，等. GB/T 228.1—2010 金属材料　拉伸试验　第1部分：室温试验方法 [S]. 北京：中国标准出版社，2011.

[2] 钢铁研究总院，等. GB/T 230.1—2009 金属材料　洛氏硬度试验　第1部分：试验方法 [S]. 北京：中国标准出版社，2009.

[3] 钢铁研究总院，等. GB/T 231.1—2009 金属材料　布氏硬度试验　第1部分：试验方法 [S]. 北京：中国标准出版社，2003.

[4] 钢铁研究总院，等. GB/T 4340.1—2009 金属材料　维氏硬度试验　第1部分：试验方法 [S]. 北京：中国标准出版社，2009.

[5] 葛利玲. 材料科学与工程基础实验教程 [M]. 北京：机械工业出版社，2016.

[6] 付华. 材料性能学 [M]. 北京：北京大学出版社，2010.

[7] 时海芳. 材料力学性能 [M]. 北京：北京大学出版社，2010.

[8] 耿桂宏. 材料物理与性能学 [M]. 北京：北京大学出版社，2010.

[9] 梁新邦. GB/T 228—2002 实施要点 [J]. 理化检验 - 物理分册，2004，40 (1)：45 - 48.

[10] 钢铁研究总院，等. GB/T 229—2007 金属材料　夏比摆锤冲击试验方法 [S]. 北京：中国标准出版社，2007.

[11] 龚江宏，关振铎. 陶瓷材料压痕韧性的统计性质 [J]. 无机材料学报，2002，1 (17)：99 - 103.

[12] 龚江宏，等. 陶瓷材料 Vickers 硬度的压痕尺寸效应 [J]. 硅酸盐学报，1999，6 (27)：693 - 699.

[13] 龚江宏，杨洋. TiCN 颗粒强化 Al_2O_3 陶瓷压痕韧性的统计性质 [J]. 材料导报，2000，10 (14)：234 - 235.

[14] 龚江宏，关振铎. 陶瓷材料断裂韧性测试技术在中国的研究进展 [J]. 硅酸盐通报，1996 (1)：53 - 57.

[15] 王家梁，等. 传统压痕法识别陶瓷材料断裂韧性的有效性研究 [J]. 材料工程，2015，12 (43)：81 - 88.

[16] 宋显辉. 用压痕法测陶瓷材料 K_{IC} 的研究 [J]. 武汉工业大学学报，1993，4 (15)：8 - 11.

[17] 孙渊，等. 基于残余应力应变关系的压痕法测试技术 [J]. 机械设计与研究，2011，4 (27)：80 - 83.

[18] 巴发海，李凯. 金属材料残余应力的测定方法 [J]. 理化检验 - 物理分册，2017，11 (53)：771 - 776.

[19] 陈超，等. 采用显微硬度压痕法测量微区残余应力 [J]. 机械工程材料，2007，1 (31)：8 - 11.

[20] 钢铁研究总院，等. GB/T 24179—2009 金属材料　残余应力测定　压痕应变法 [S]. 北京：中国标准出版社，2009.

[21] 刘瑞堂，刘锦云. 金属材料力学性能 [M]. 哈尔滨：哈尔滨工业大学出版社，2015.

[22] 孙建林. 材料成形摩擦磨损与润滑 [M]. 北京：国防工业出版社，2007.

[23] 王磊，涂善东. 材料强韧学基础 [M]. 上海：上海交通大学出版社，2012.

[24] 钢铁研究总院. GB/T 12444.1—1990 金属磨损试验方法　MM 型磨损试验 [S]. 1991.

[25] 钢铁研究总院，等. GB/T 12444.1—2006 金属材料　磨损试验方法　试环 - 试块滑动磨损试验 [S]. 北京：中国标准出版社，2007.

[26] 中国轻工总会陶瓷研究所. GB/T 4741—1999 陶瓷材料抗弯强度试验方法 [S]. 北京：中国标准出版社，1999.

[27] 中国建筑材料科学研究院，等. GB/T 6569—2006 精细陶瓷弯曲强度试验方法 [S]. 北京：中国标

准出版社，2006.
[28] 束德林. 金属力学性能 [M]. 北京：机械工业出版社，2002.
[29] 任颂赞，叶俭，陈德华. 金相分析原理及技术 [M]. 上海：上海科学技术文献出版社，2012.
[30] 李红英. 金属拉伸试样的断口分析 [J]. 山西大同大学学报（自然科学版），2011，1（27）：76－79.
[31] 首钢总公司冶金研究院. GB/T 4067—1999 金属材料电阻温度特征参数的测定 [S]. 北京：中国标准出版社，2000.
[32] 桂林电器科学研究所. GB/T 1410—2006 固体绝缘材料体积电阻率和表面电阻率试验方法 [S]. 北京：中国标准出版社，2006.
[33] 桂林电器科学研究所. GB/T 10064—2006 测定固体绝缘材料绝缘电阻的试验方法 [S]. 北京：中国标准出版社，2006.
[34] 桂林电器科学研究所. GB/T 1409—2006 测量电气绝缘材料在工频、音频、高频下电容率和介质损耗因素的推荐方法 [S]. 北京：中国标准出版社，2006.
[35] 电子工业部标准化研究所，等. GB/T 3389. 2—1999 压电陶瓷材料性能测试方法 纵向压电应变常数 d33 的静态测试 [S]. 北京：中国标准出版社，1999.
[36] 北京北冶功能材料有限公司，等. GB/T 4339—2008 金属材料热膨胀特征参数的测定 [S]. 北京：中国标准出版社，2009.
[37] 温元凯，李振民. 金属热膨胀系数和键能 [J]. 科学通报，1978，4（38）：225－226.
[38] 中国航天科技集团公司第一研究院第七〇三研究所. GJB 332A—2004 固体材料线膨胀系数测试方法 [S]. 北京：国防科工委军标出版社，2004.
[39] 张俊武，等. 铁磁材料交流磁化曲线及磁滞回线的观测 [J]. 物理实验，2017，8（37）：17－21.
[40] 上海材料研究所，等. GB/T 22315—2008 金属材料 弹性模量和泊松比试验方法 [S]. 北京：中国标准出版社，2008.
[41] 王建国，等. 低碳钢弹性模量的实验室间比对试验 [J]. 理化检验－物理分册，2013，10（49）：683－686.
[42] 上海工业自动化仪表研究院有限公司. GB/T 34035—2017 热电偶现场试验方法 [S]. 北京：中国标准出版社，2017.
[43] 上海工业自动化仪表研究院，等. GB/T 30429—2013 工业热电偶 [S]. 北京：中国标准出版社，2014.
[44] 上海工业自动化仪表研究院有限公司，等. GB/T 16839. 1—2018 热电偶 第 1 部分：电动势规范和允差 [S]. 北京：中国标准出版社，2018.
[45] 广东世创金属科技有限公司，等. GB/T 30825—2014 热处理温度测量 [S]. 北京：中国标准出版社，2014.
[46] 重庆仪表材料研究所. GB/T 16701—2010 贵金属、廉金属热电偶丝热电动势测量方法 [S]. 北京：中国标准出版社，2011.
[47] 董小虹，等. GB/T 30825—2014《热处理温度测量》应用解读 [J]. 金属热处理，2016，12（41）：199－208.
[48] 黄晓璜，等. 热电偶综合实验改革与实践 [J]. 上海理工大学学报（社会科学版），2017，3（39）：277－280.
[49] 上海市计量测试技术研究院. JJG 186—1997 动圈式温度指示仪表检定规程 [S]. 北京：中国计量出版社，1998.